城市通风廊道评价与规划

邓汗青　何冬燕　田　红　黄　闯　曹　靖　刘俊杰
卢燕宇　程文杰　方　茸　周永鹏　徐向远　陈　健　编著

气象出版社
China Meteorological Press

内容简介

城市应对气候变化策略中，城市规划和建设是非常重要的一环。“城市通风廊道”也被称为空气引导通道，是指空气动力学粗糙度较低、气流阻力较小的区域，其构建是提升城市空气流通能力、缓解城市热岛效应、改善人体舒适度、降低建筑物能耗的有效措施，对局地气候环境的改善有着重要作用。本书以合肥市为示范案例，瞄准城市热岛、浑浊岛等问题，从城市风环境、热环境、大气环境、地表通风潜力等方面进行分析评估，绘制城市气候地图谱，构建城市通风廊道规划指标体系，在此基础上确定规划方案、分类布局及管控方案，为气候变化背景下的城市规划提供科学的参考依据。

本书可供从事规划、建设、环境、气象等部门和人员参考。

图书在版编目（CIP）数据

城市通风廊道评价与规划 / 邓汗青等编著. -- 北京 : 气象出版社, 2024. 8. -- ISBN 978-7-5029-8277-5

Ⅰ. TU984.254.1

中国国家版本馆 CIP 数据核字第 2024AD7469 号

Chengshi Tongfeng Langdao Pingjia yu Guihua

城市通风廊道评价与规划

出版发行：气象出版社
地　　址：北京市海淀区中关村南大街 46 号　　**邮政编码**：100081
电　　话：010-68407112（总编室）　010-68408042（发行部）
网　　址：http://www.qxcbs.com　　**E-mail**：qxcbs@cma.gov.cn
责任编辑：杨泽彬　　**终　　审**：张　斌
责任校对：张硕杰　　**责任技编**：赵相宁
封面设计：楠竹文化
印　　刷：北京建宏印刷有限公司
开　　本：787 mm×1092 mm　1/16　　**印　　张**：10.25
字　　数：260 千字
版　　次：2024 年 8 月第 1 版　　**印　　次**：2024 年 8 月第 1 次印刷
定　　价：99.00 元

引 言

近年来，我国经济发展的空间结构发生了深刻变化，城市群、都市圈正在成为承载发展要素的主要空间形式。一方面，人口、产业、能源消耗等汇集于城市，导致气候环境问题日益凸显，高温热浪、暴雨内涝、雾/霾等频繁发生；另一方面，城镇化放大了灾害风险的暴露程度，使人类生活环境的脆弱性增加，自然灾害链条不断延长。

"建设包容、安全、有韧性的可持续城市和人类住区"是联合国《2030 年可持续发展议程》中的重要目标之一。应对气候变化、打造"韧性城市"，城市规划是不可或缺的重要环节。作为城市规划的科学依据，气候地图是城市应对气候变化规划设计的重要工具。20 世纪 70 年代以来，已有十几个国家制定了城市气候设计导则，使之成为低碳城市和减缓温室气体排放的制度保障。城市气候地图设计的实践应用包括减少人为活动的热排放、改进步道通风、增加绿化和植被覆盖率、创造城市风道、城市热辐射的空间分布及户外舒适度研究等，特别是城市通风廊道有助于缓解城市热岛、增强空气的流通性以及减轻局地大气污染，是城市应对气候变化的有效举措。

"城市通风廊道"也被称为空气引导通道，是指空气动力学粗糙度较低、气流阻力较小的区域，其构建是提升城市空气流通能力、缓解城市热岛效应、改善人体舒适度、降低建筑物能耗的有效措施，对局地气候环境的改善有着重要作用。国内外已经有不少该方面的成功先例。德国慕尼黑利用伊萨尔河将焚风引入城市，斯图加特将冷空气源地与城市中心沟通，阿联酋马斯达尔城借助人工运河引入波斯湾空气流，日本东京和香港等城市也基于环境进行城市通风规划设计管控，取得了不错的效果，促进了城市局部气候的改善，一定程度缓解了城市大气污染和热污染问题。近年来，国内的广州、武汉、西安、南京、杭州、福州等城市也都在城市规划设计中提出过类似"通风廊道"的概念。2016 年，北京城市规划部门提出要在北京建造 5 条一级通风廊道，更引起了民众的极大关注。遗憾的是，气候环境评估在我国不少城市规划设计中并未引起足够的重视。

近年来，合肥市正在进行国土空间规划编制工作。作为国家首批气候适应型城市建设试点市，合肥市规划和建设城市通风廊道工作迫在眉睫。为此，气象部门与规划设计部门开展合作，以合肥市为研究对象，瞄准城市热岛和混浊岛问题，从城市风、热和大气环境等方面进行分析评估，绘制城市气候地图，在此基础上划分城市通风廊道并编制合肥市通风廊道专项规划，以缓解城市热岛、混浊岛问题，减缓城市化气候效应。

目　录

引　言

上篇　城市通风廊道评价

第 1 章　城市通风廊道评价技术路线 …… 003

1.1　评价内容 …… 003
1.2　技术路线 …… 003
1.3　研究区范围 …… 004
1.4　基础资料 …… 004

第 2 章　合肥市气候背景及气候变化特征分析 …… 006

2.1　合肥市气候背景 …… 006
2.2　合肥市气候变化特征 …… 012

第 3 章　合肥市风环境评估 …… 016

3.1　基于气象观测的地面风场分析 …… 016
3.2　基于数值模拟的精细化风场分析 …… 022

第 4 章　合肥市热环境评估 …… 054

4.1　基于气温观测的城市热岛强度 …… 054
4.2　基于遥感反演的城市地表温度 …… 055
4.3　基于遥感反演的城市绿源(冷源) …… 058
4.4　城市化进程中城市热岛的演变 …… 060

第 5 章　合肥市大气环境评估 …… 076

5.1　合肥市大气环境状况分析 …… 076
5.2　污染源解析 …… 079
5.3　典型重污染天气过程数值模拟分析 …… 081

第 6 章　合肥市地表通风潜力评估 …… 094

6.1　计算方法 …… 094
6.2　结果分析 …… 097

下篇　城市通风廊道规划

第 7 章　城市通风廊道规划技术路线 …… 101

第 8 章　现状认识 …… 103

8.1　城市发展回顾 …… 103
8.2　现状城市建设 …… 111
8.3　合肥市气候环境特征及其与城市建设相关性 …… 115

第 9 章　规划目标 …… 121

9.1　总体规划目标 …… 121
9.2　规划指标体系 …… 122

第 10 章　分级构廊道 …… 124

10.1　国内外城市通风廊道案例调研 …… 124
10.2　标准解读 …… 124
10.3　通风廊道构建原则 …… 126
10.4　通风廊道构建方法 …… 127
10.5　规划方案 …… 130

第 11 章　分类优化布局 …… 132

11.1　建成区优化 …… 132
11.2　未建区优化 …… 134
11.3　基于通风廊道布局优化的模拟验证 …… 136

第 12 章　分区提管控 …… 138

12.1　管控体系研究 …… 138
12.2　分区管控方案 …… 143

参考文献 …… 155

上 篇

城市通风廊道评价

第 1 章

城市通风廊道评价技术路线

1.1 评价内容

城市通风廊道评价内容包括以下六个方面：

(1)合肥市气候背景及气候变化特征分析；

(2)合肥市风环境评估；

(3)合肥市热环境评估；

(4)合肥市大气环境评估；

(5)合肥市地表通风潜力估算；

(6)合肥市通风廊道初步划分。

1.2 技术路线

技术路线如图 1.1 所示。

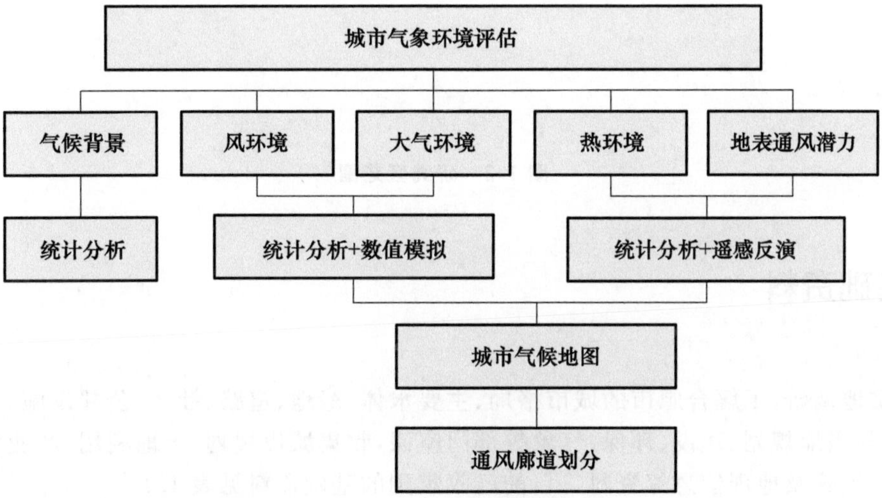

图 1.1 技术路线图

1.3 研究区范围

研究区范围为合肥市主城区，包括市辖区和 9 个外围乡镇（肥东店埠镇、撮镇镇和桥头集镇，肥西上派镇、桃花镇、紫蓬镇和花岗镇，长丰县的双墩镇和岗集镇），面积约 2640 km^2（图 1.2）。与现行总体规划、相关专项的范围一致。

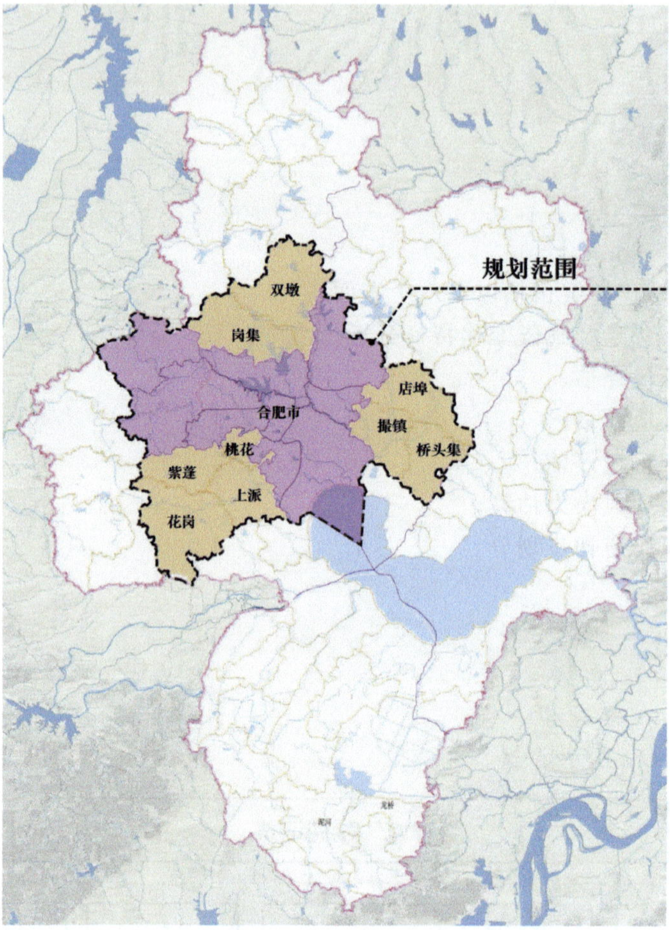

图 1.2　研究区范围

1.4 基础资料

开展实地调研，了解合肥市的城市格局、主要水体、绿地、道路、社区、公共设施、工业区、污染企业等，与当地规划、建设、环保、气象等部门座谈，收集城市规划、土地利用、产业发展、生态环境、气象、遥感及地理信息等资料。目前已收集到的基础资料见表 1.1。

表 1.1 基础资料

数据类型	数据名称	主要用途
规划图	市区范围内绿地系统、水网河道，其他生态廊道规划图	分析城市绿廊、水网通风及改善热环境效果
GIS 与遥感数据	市区范围内高分辨率地形数据、河流水系、道路、绿地系统，以及精细到乡镇或县一级的行政区划 GIS 矢量数据	把握基本自然地理条件、城市地理方位，以及绘制成果图
	市区范围内 2016 年大比例尺建筑物 GIS 矢量数据，包括建筑物位置和建筑物高度（楼层数）信息	估算地表通风潜力
	覆盖市区的高分辨率卫星遥感影像	获得精细化城市热环境和地表通风环境
污染数据	市区范围内所有环境监测站点近年主要空气污染物浓度数据	分析大气环境现状及大气污染的区域输送影响，并测算大气环境容量
	合肥市历年环境质量公报、环境质量报告书等	研究分析大气环境现状
气象数据	合肥全市域范围内国家基本气象站 1961—2017 年整编资料	分析地区盛行风环境等气候背景 获得精细化风环境和热环境状况
	合肥全市域范围内自动气象站 2008 年以来的逐小时观测资料	

第2章

合肥市气候背景及气候变化特征分析

2.1 合肥市气候背景

合肥属亚热带湿润性季风气候，综合来看气候温和舒适，雨量适中。不过受地形地貌及人类活动等影响，局地气候仍存在一定的差异。

2.1.1 资料说明

为了获得更精细的气候要素的空间分布情况，本节除了采用国家气象站资料外，还使用了区域自动气象站数据。由于区域自动气象站 2006 年才开始陆续建站，因此研究时段取为 2008 年 1 月至 2017 年 12 月，研究对象选为规划范围内（后文中合肥市即特指规划区域）数据完整率较高的气象站，共 23 站，其中包括 2 个国家站（合肥站和肥东站）和 21 个区域站，具体见图 2.1 和表 2.1。

图 2.1 研究站点分布

表 2.1 研究站站名

站名	站名	站名	站名
合肥	巢湖路	G 蜀山	G 新桥
肥东	科技园	G 小西冲	桥头集
十五里河	新桥	罗集水库	G 肥东
科学岛	市局新区	花岗镇	G 陇西
大兴	瑶海磨店	小庙	G 众兴
阜南路	滨湖	官亭镇	

注:G 开头为高速公路交通站。

2.1.2 气温

2008—2017 年,合肥市年平均气温为 16.3～17.7 ℃。越接近市中心气温越高,而郊区及邻近水体(科学岛、滨湖等地)的区域气温较低,表现出一定的城市热岛效应(图 2.2a)。

年平均最低气温(图 2.2b)与平均气温的空间分布基本一致,市中心普遍超过 13 ℃,而东部乡镇则不足 10 ℃,城市和郊区的温差接近 4 ℃。

城市和郊区年平均最高气温(图 2.2c)的空间差异较平均气温和最低气温小得多,全市大部年平均最高气温在 21 ℃左右,只有东北局部超过 22 ℃。

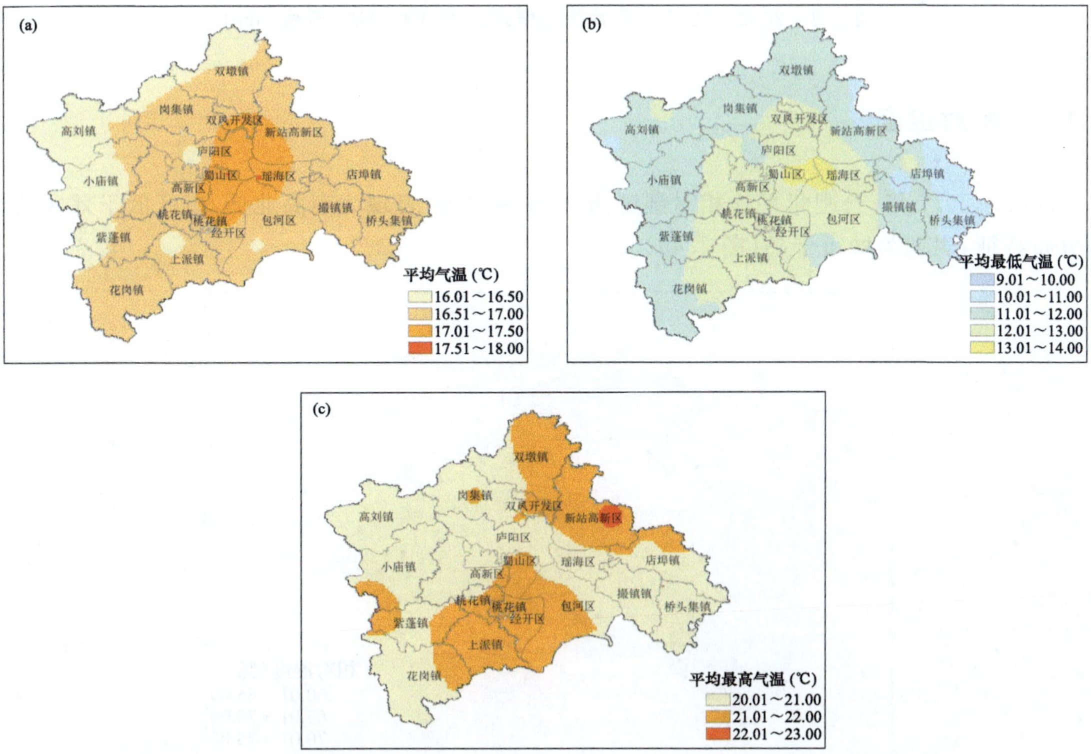

图 2.2 2008—2017 年年平均气温(a)、平均最低气温(b)和最高气温(c)的空间分布(单位:℃)

2.1.3 降水

对区域气象站数据检查时发现，该部分数据存在一定的缺测，但5—9月相对较完整，这一时期是合肥的汛期，降水多发生于此阶段，因而本节主要研究汛期5—9月降水。2008—2017年，合肥市平均汛期降水量为400～750 mm，表现为南多北少的空间分布特征，降水大值区在城区中南部，中心强度超过600 mm(图2.3)。

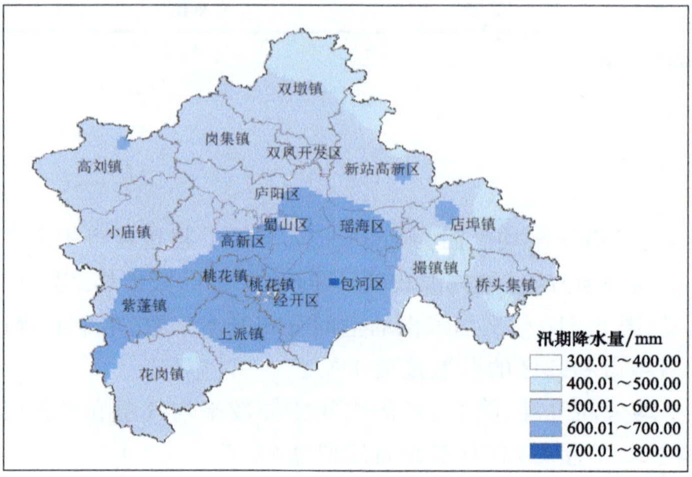

图2.3　2008—2017年平均汛期降水量的空间分布(单位:mm)

2.1.4 相对湿度

2008—2017年，合肥年平均相对湿度为62%～74%，表现为南高北低，市区低于郊区的空间分布特征，表现为城市干岛(图2.4)。

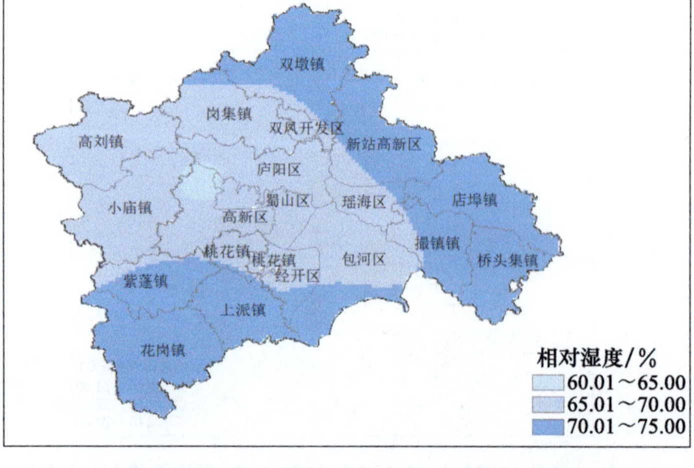

图2.4　2008—2017年年平均相对湿度的空间分布(%)

2.1.5　能见度

由于区域站没有能见度观测项目，因而以合肥、长丰、肥东、肥西、巢湖和庐江 6 个国家气象站为研究对象考察能见度的空间分布情况。合肥和肥西两个站年平均能见度低于 10 km，明显低于其他 4 站；巢湖和长丰平均能见度最高，超过 14 km；庐江次之。总的来说，县城空气质量明显优于合肥市，离合肥市越远空气质量越好，城市混浊岛现象明显（图 2.5）。

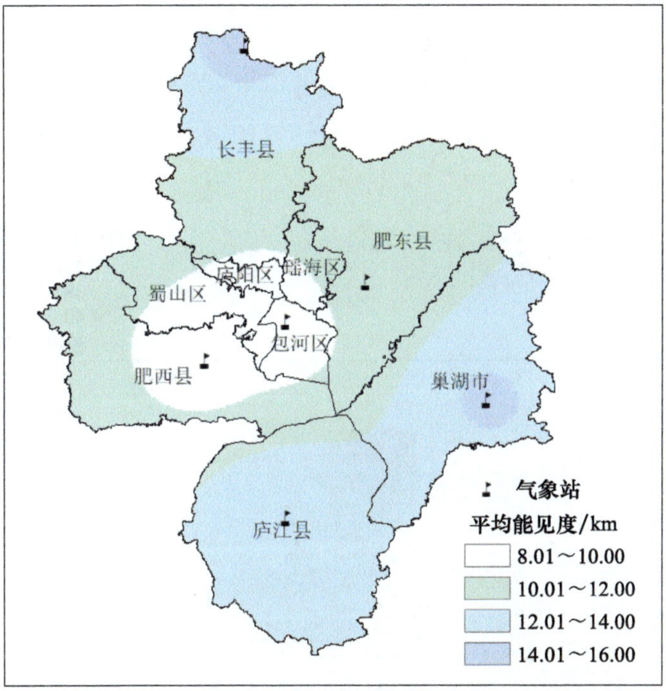

图 2.5　2008—2017 年年平均能见度的空间分布（单位：km）

2.1.6　城市气象灾害

合肥城市气象灾害主要包括高温热浪、暴雨内涝及雾霾等。

（1）高温热浪

2008—2017 年，合肥市大部极端最高气温均超过 37 ℃，高温区呈现西南—东北走向，市区相对较高，基本在 42 ℃以上，城市外围相对较低。几个局地的高温中心分散分布在东部新站高新区和双墩镇以及西南部花岗镇的工业园区（图 2.6a）。

高温日数与极端最高气温的空间分布特征类似，市区多于城市外围，大值区也呈现西南—东北走向，极值中心呈点状分布，位于北部的双墩镇和新站高新区、西部紫蓬镇和小庙镇、南部包河区、中部蜀山区，主要为工业园区或人口密集区（图 2.6b）。

1990 年代中期，合肥市平均气温发生突变，气候变暖凸显，之后伴随而来的是高温热浪频发，极端值屡创新高。2013 年 8 月 6 日—8 月 18 日，合肥站连续高温（极端最高气温≥37 ℃）日数达 13 d，为建站以来最多；8 月 15 日，合肥电网负荷达到 458.9 万 kW，在当年夏季第 11 次突破历史纪录。2017 年 7 月 14—31 日，合肥站连续高温日数达 18 d，再次刷新历史记录；该年 7 月 23—27 日，合肥站连续 5 d 极端最高气温超过 40 ℃，并于 7 月 27 日达到 41.1 ℃，再次居于榜首。

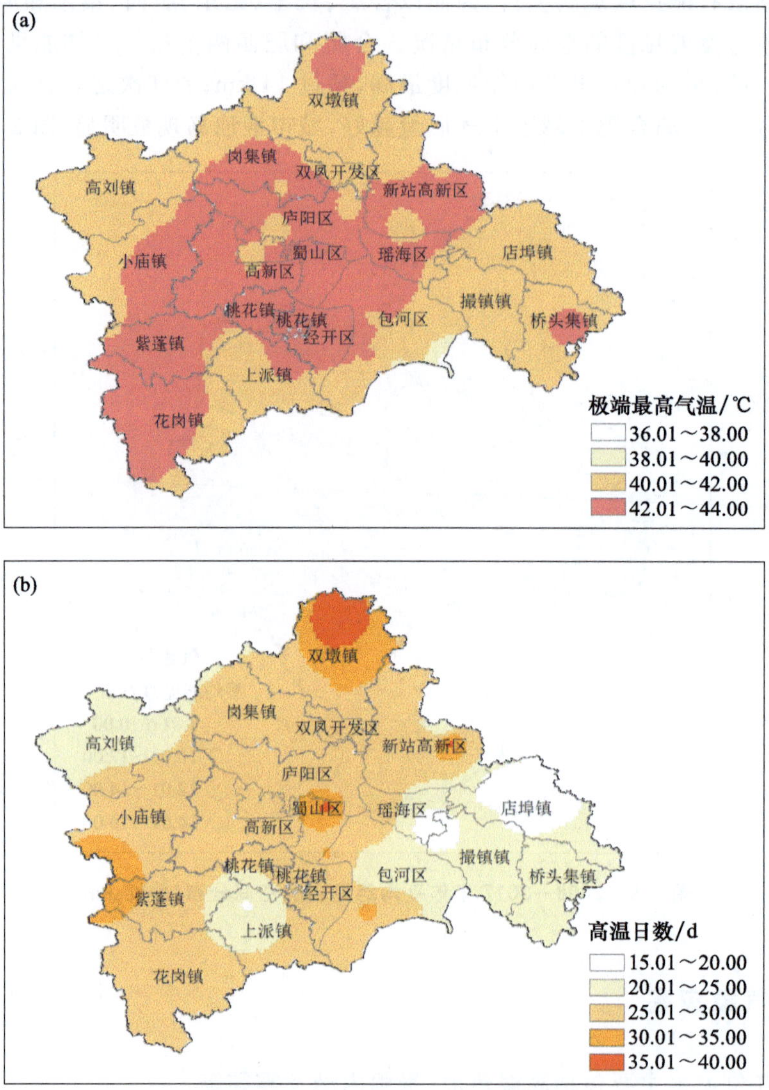

图 2.6　2008—2017 年极端最高气温(a，单位：℃)和高温日数(b，单位：d)的空间分布

(2)暴雨内涝

合肥市年平均暴雨日数 1～3 d，呈现出南多北少的分布特征(图 2.7a)。小时最大雨量为 20～90 mm，最大值出现在西北部的新桥镇，此外，包河区和桃花镇也分布着几个超过 80 mm 的极值中心(图 2.7b)。

20 世纪 70 年代以来，合肥站共测得 16 d 日降水量大于 100 mm，达到大暴雨量级，其中就有 10 d 出现在 21 世纪以后，超过一半，使得近年来合肥“看海模式”屡见不鲜。2016 年是合肥降雨量偏多的一年，合肥站降雨量较常年偏多五成，为 1970 年以来最多；2016 年 7 月 1 日，全市 94%的区域出现暴雨以上降雨，44%的国土面积出现大暴雨，17%的区域出现特大暴雨，渍涝严重。同年秋季合肥还遭遇了历史最强连阴雨，合肥站秋季降水量达 468.6 mm，较常年偏多 1.5 倍，为 1970 年以来最多，并在 9 月 30 日和 10 月 26 日出现多站暴雨。

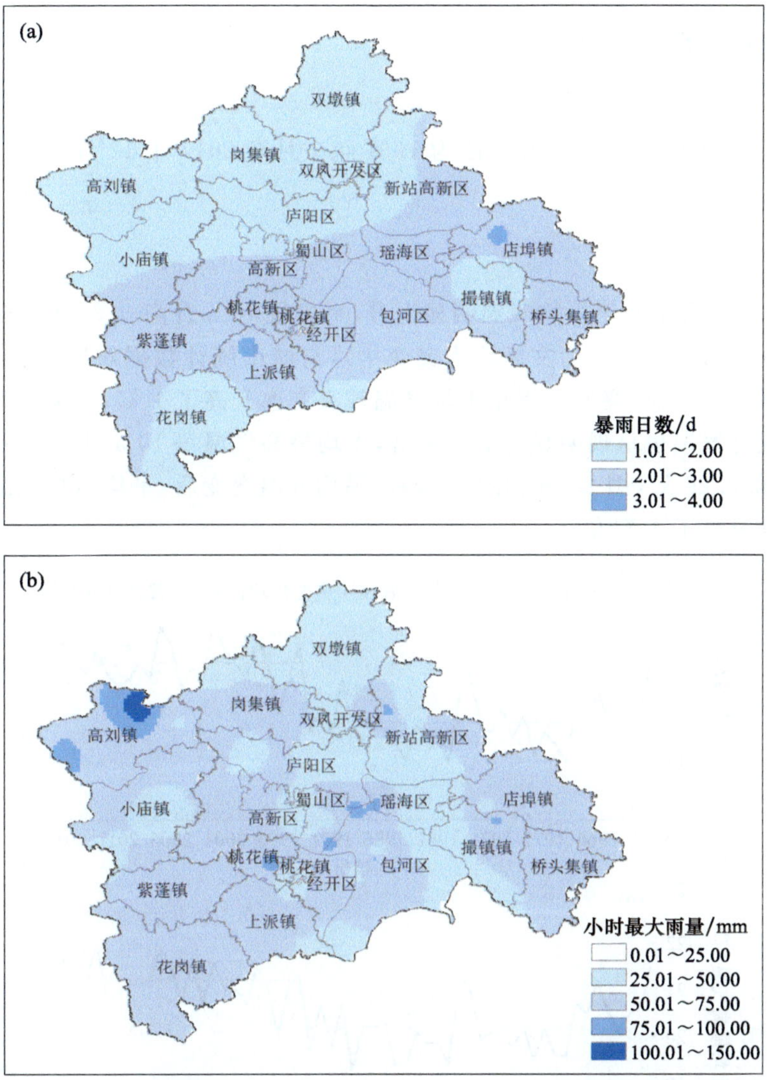

图 2.7 2008—2017 年年平均暴雨日数(a，单位：d)和小时最大降水量(b，单位：mm)的空间分布

(3)雾/霾

城市快速发展、城市建设、工业和交通排放及外源输入等因素对空气质量产生了严重的负面影响，近年来合肥市秋冬季节雾/霾频发，给人们的生产生活带来了一定的影响。

2013 年，合肥站雾/霾总日数超过 80 d，较常年偏多 40 d 多。1 月 24 日起至月末，雾/霾笼罩全市；1 月 25 日大部地区能见度低于 500 m，并在城区出现 30 m、肥西出现 50 m 强浓雾，引发数起交通事故。1 月 28 日全市再次出现大雾天气，城区出现能见度不足 50 m 的强浓雾，造成多条高速公路临时关闭，骆岗机场多趟航班延误、大量旅客滞留。2015 年，11 月 20 日 08 时前后，长丰南段口出现能见度低于 100 m 的大雾，导致合淮阜高速超过 70 辆车发生特大连环追尾事故。23 日，雾/霾天气对合肥新桥机场 22 个航班造成不同程度影响。12 月 20—26

日合肥出现大范围持续雾/霾天气，21—22 日早晨所有高速临时封闭，合肥机场连续多日多趟进出港航班延误，每天逾 3000 名旅客滞留。

2.2 合肥市气候变化特征

本节以合肥站为研究对象，研究时段为 1961 年 1 月至 2017 年 12 月。

2.2.1 气温

1961—2017 年，合肥站年平均气温明显上升，平均每 10 a 升高 0.25 ℃(图 2.8a)。其中，平均气温在 1994 年发生突变(后文简称为突变年)，与城市统计数据对比，该年与城市的快速发展阶段有着较好的对应，突变后累年平均气温较突变前升高了 1 ℃，气候变暖明显。合肥站年平均最高和最低气温也呈现明显的上升趋势，平均最高气温每 10 a 升高 0.24 ℃，平均最低气温每 10 a 升高 0.26 ℃(图 2.8b 和图 2.8c)。平均气温突变后，平均最高气温和平均最低气温也都较突变前升高了 1 ℃左右。

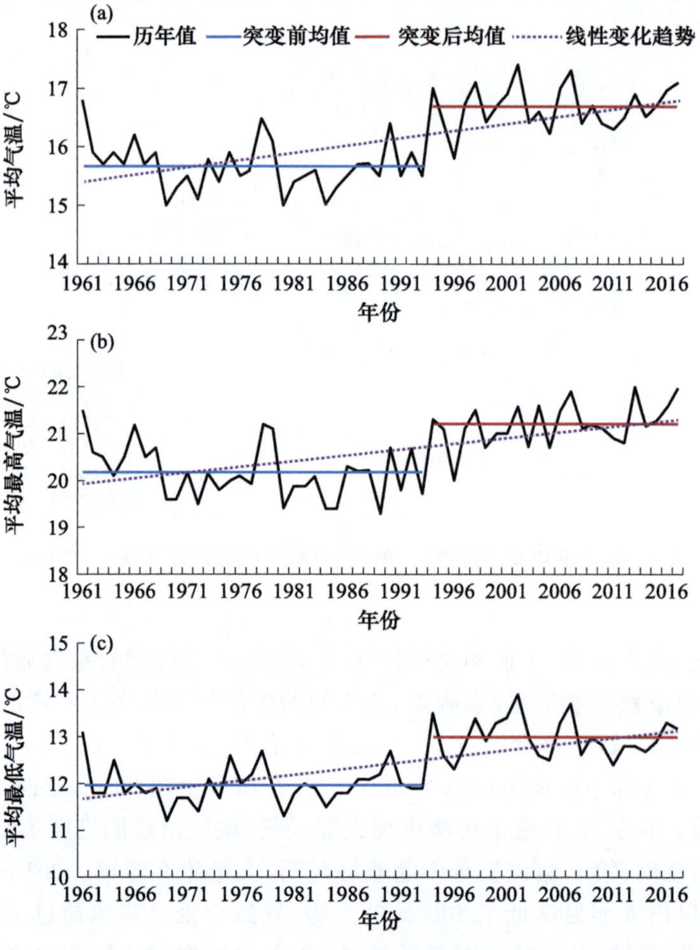

图 2.8 合肥站年平均气温(a)、平均最高(b)和最低(c)气温的变化情况(单位:℃)

1961—2017 年，合肥站极端最高气温和高温日数都没有明显的气候变化特征，但极端最高气温前 10 位高值年中有 4 年出现在 2010 年以后，且 2017 年为 1961 年以来第一高值(图 2.9a)；而高温日数在突变年后的累年均值较突变前偏多了 3.5 d(图 2.9b)。

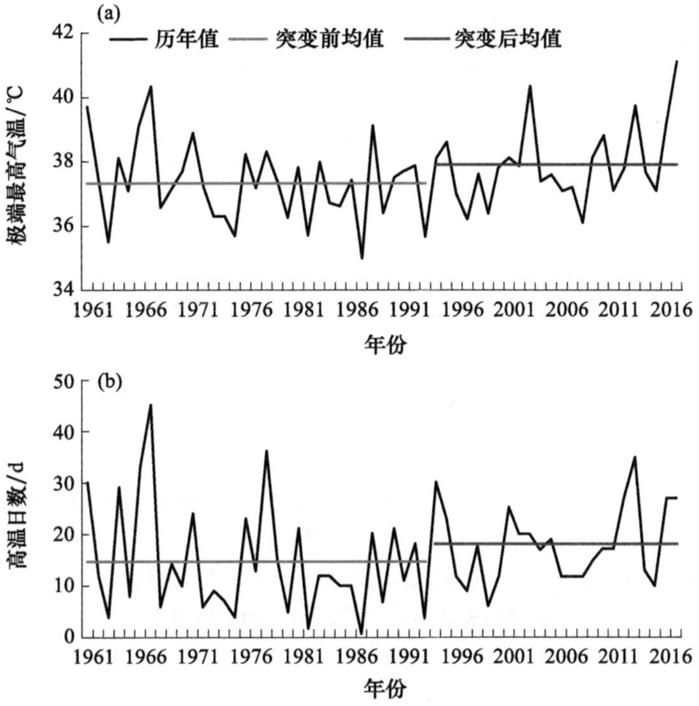

图 2.9 合肥站极端最高气温(a，单位：℃)和高温日数(b，单位：d)的年际变化

2.2.2 降水

1961—2017 年，合肥站历年汛期降水、暴雨日数和最大小时雨量均没有明显的线性变化趋势，以年际变化为主。突变后汛期降水、暴雨日数的累年平均值变化不大，但 50 mm 以上最大小时雨量明显增多，排名前 10 位的高值年有一半出现在突变后。具体见图 2.10。

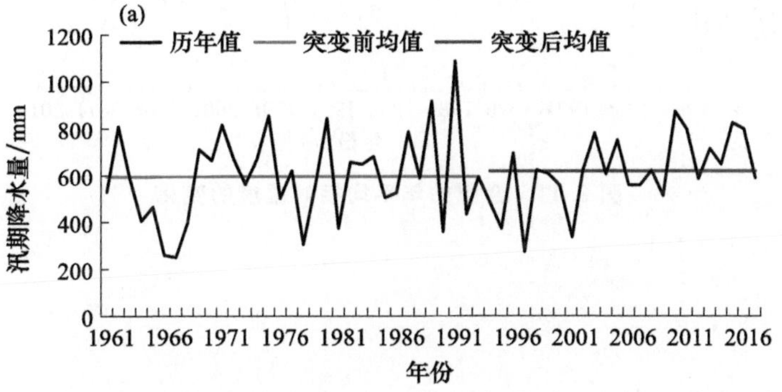

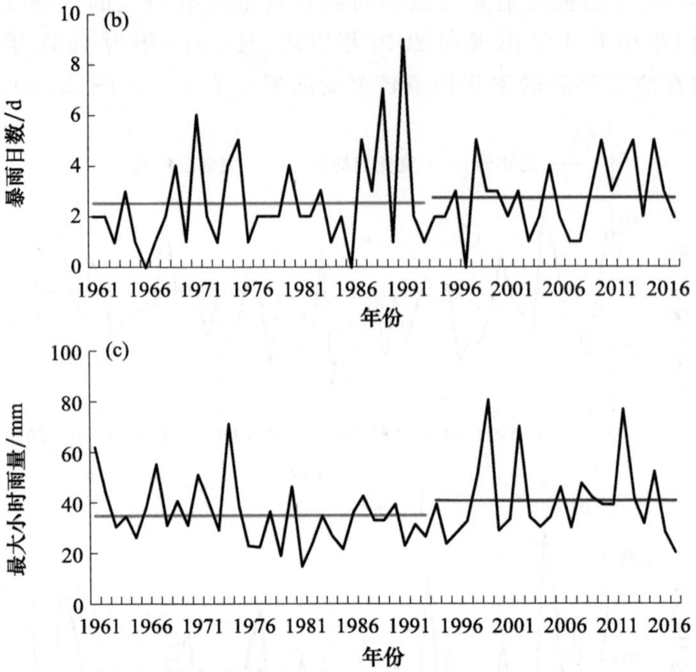

图 2.10　合肥站汛期降水量(a,单位:mm)、暴雨日数(b,单位:d)和最大小时雨量(c,单位:mm)的年际变化

2.2.3　相对湿度

1961—2017 年,合肥站年平均相对湿度明显减少,平均每 10 a 减少 0.48%。平均相对湿度在突变年后较突变前的累年平均值减少了约 2%(图 2.11)。

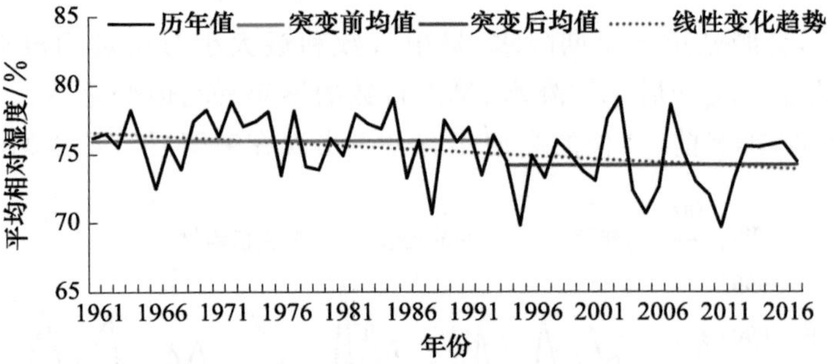

图 2.11　合肥站年平均相对湿度的变化

2.2.4　风速

1961—2017 年,受迁站影响,合肥站年平均风速没有表现出明显的变化趋势。但最近一次迁站(2004 年)以来,年平均风速明显减小,平均每 10 a 减小 0.38 m/s。具体见图 2.12。

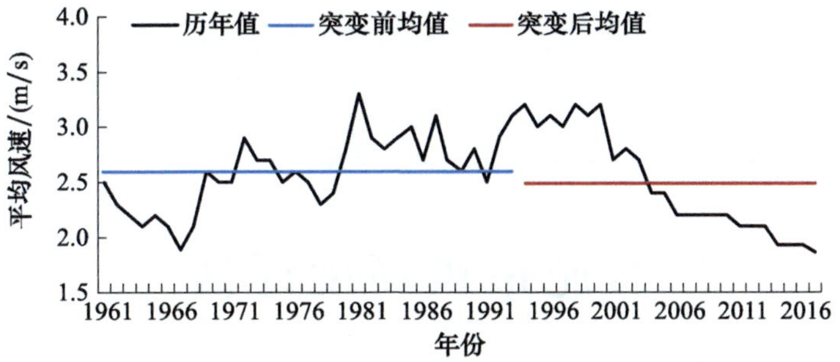

图 2.12 合肥站年平均风速的变化

2.2.5 能见度

1980 年以前，合肥站观测能见度采用分级记录，1980 年之后才记录具体数值。因此，能见度气候变化分析的起始年取为 1980 年。1980—2017 年，合肥站平均能见度呈现明显减小的趋势，平均每 10 a 减小 1.36 km，突变后较突变前平均值减小了 2.4 km，但 2006 年以后有回升趋势。1961—2017 年，合肥站雾日没有明显的线性变化趋势；但 1980—2017 年，则以每 10 a 3.2 d 的速度明显减小，尤其是 2010 年以来减少最明显。2006 年以来合肥站能见度的转好和雾日的减少，一方面可能归因于观测方式的调整；另一方面也反映出合肥市大气治理取得了一定成效。具体见图 2.13 和图 2.14。

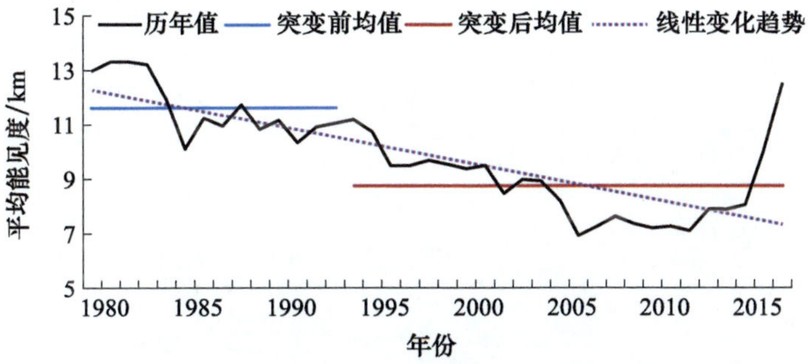

图 2.13 平均能见度的年际变化

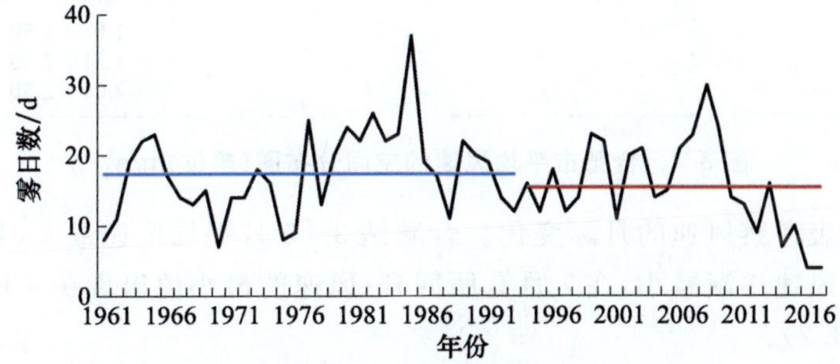

图 2.14 雾日的年际变化

第3章

合肥市风环境评估

3.1 基于气象观测的地面风场分析

3.1.1 风速的分布

2008—2017 年，合肥市区平均风速为 1.0～2.2 m/s，北部较大，市中心普遍较低，建筑密集的区域尤为明显(图 3.1)。

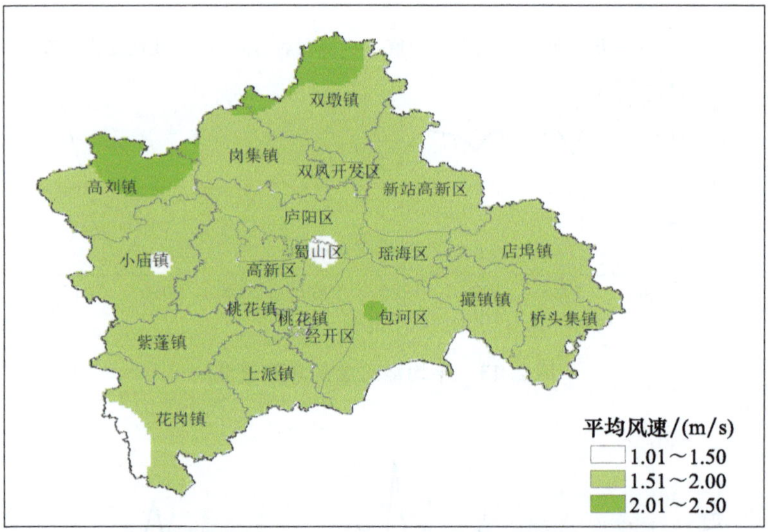

图 3.1 合肥市平均风速的空间分布图(单位:m/s)

以合肥站为代表考察风速的月际变化。合肥站 3—5 月平均风速最大，其中 4 月为全年最大(2.9 m/s)；而后风速逐渐减小，在 7 月有所回升；风速的最小值出现在 9 月和 10 月，其中 10 月为全年最小(图 3.2)。

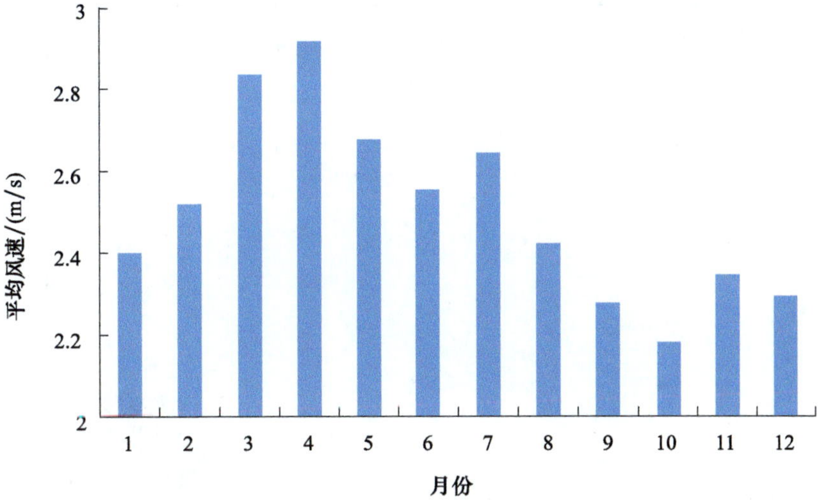

图 3.2 合肥站月平均风速变化(单位:m/s)

3.1.2 不同风速段的分布频率

通风廊道主要关注的是 0.3～3.3 m/s 风速的风(软轻风),为表述清楚,将 0.3 m/s 以下的风称为静风,3.3 m/s 以上的风称为大风。

合肥全市软轻风频率为 60%～85%,明显高于静风和大风频率。软轻风频率最大值出现为包河区中北部,超过 80%,最小值位于大蜀山西侧(图 3.3a)。全市大风频率为 10%～20%,由于合肥较少出现灾害性大风,对这部分风加以利用,也可起到缓解城市热岛、改善通风环境的作用。合肥大风频率以北部最高、中部最低,市区普遍低于郊区(图 3.3b)。静风频率以市区最大,普遍超过 5%,大蜀山西南部可能受山体遮挡的关系,静风频率超过 10%(图 3.3c)。

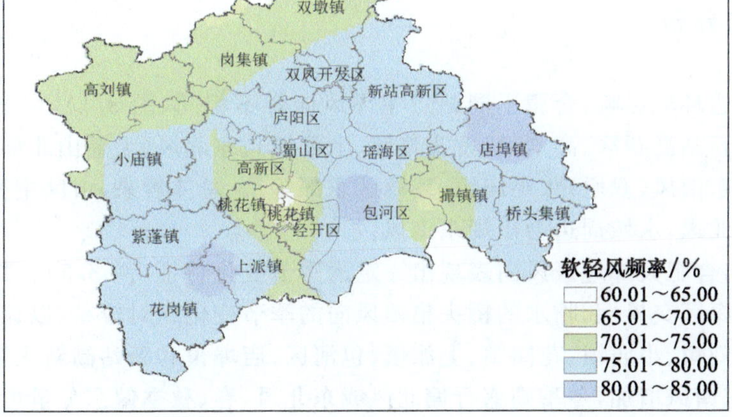

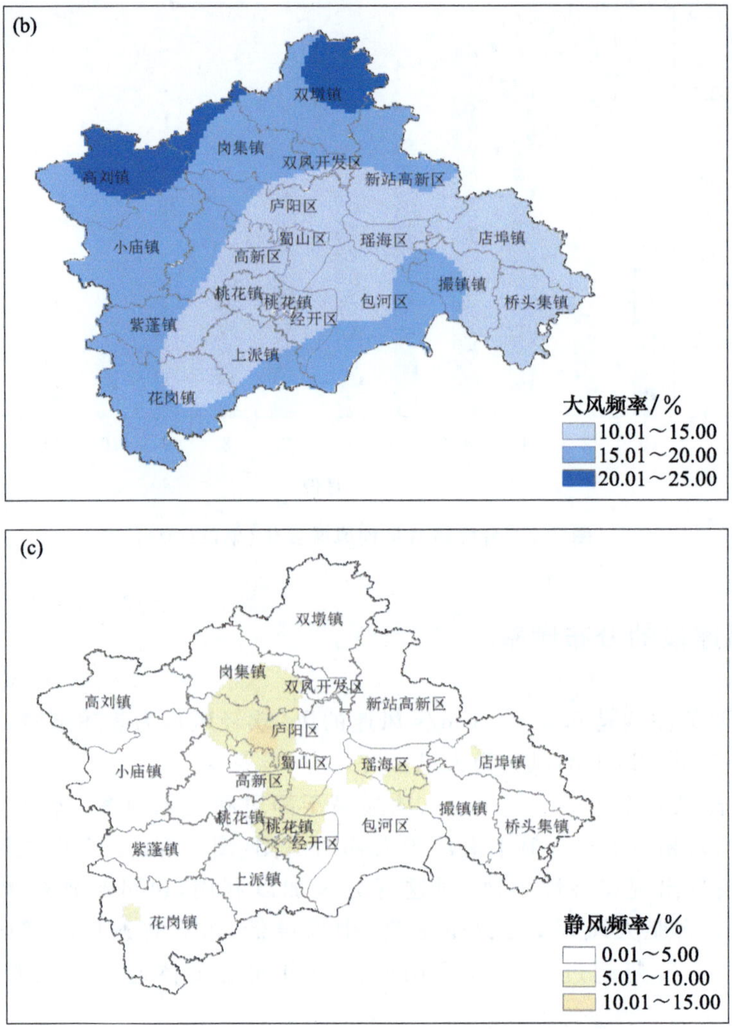

图 3.3　软轻风(a)、大风(b)和静风(c)频率的空间分布(%)

3.1.3　风向的分布

受观测场周边环境影响，合肥不同站点主导风向各不相同(图 3.4)，主要为偏东风(庐阳区、蜀山区大部、新站高新区、高刘镇、桥头集镇、上派镇)、东北风(大蜀山北部、瑶海区东部、包河区、店埠镇)和东南风(双墩镇、小庙镇、瑶海区东部等)。总体看来，市区主要为偏东风，南部主要为东北和偏北风，水域周边会出现东南风。

受季风影响，合肥大部地区风向表现出一定的季节变化特征(图 3.5)。其中市区(庐阳区及其与蜀山和瑶海区交界)和临水的桥头集镇风向的季节变化相对较小，以偏东风为主。城市外围(双墩镇、高刘镇、小庙镇、花岗镇、上派镇、包河区、店埠镇和新站高新区等)受季风影响明显，夏季偏南和东南风增加，冬季则盛行偏北风或东北风，春、秋季偏东分量增加。

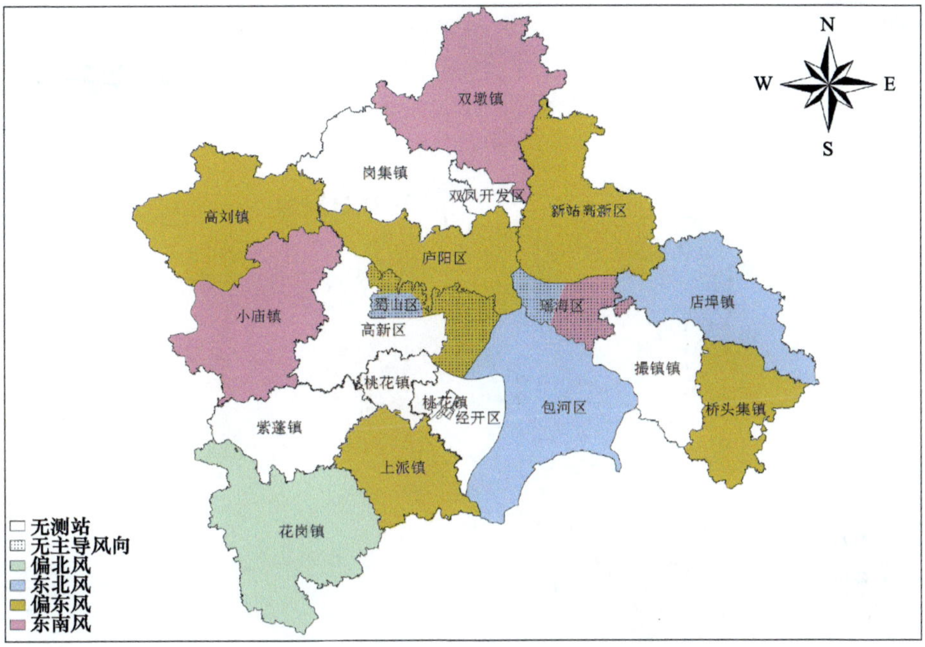

图 3.4 合肥全年主导风向分布图

（若一个区/镇中所有站点都没有主导风向，就认为该区/镇没有主导风向；
若一个区/镇中站点主导风向各不相同，认为该区/镇没有主导风向，
但站点周边仍认为受相应主导风向的影响；下同）

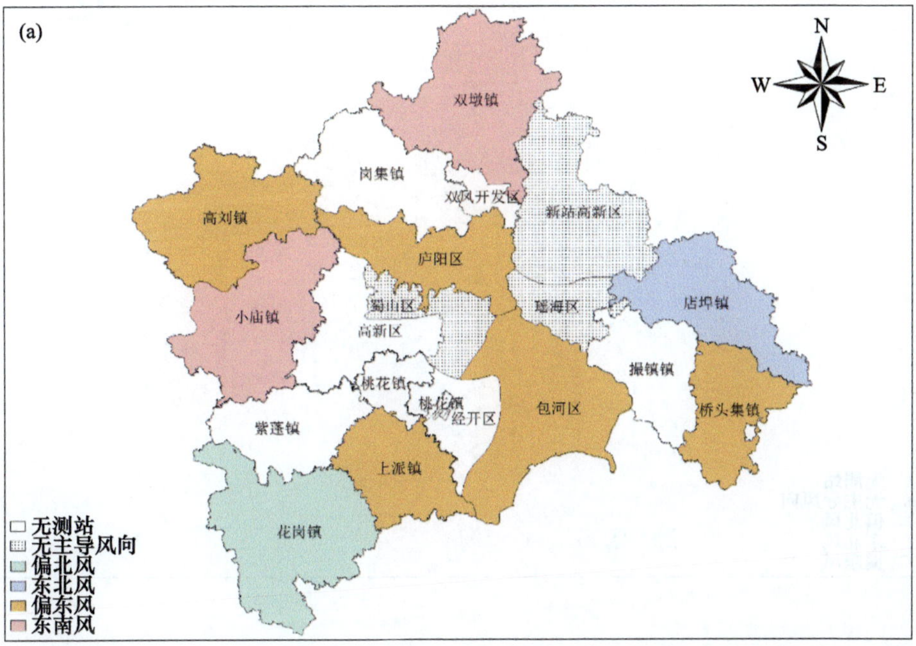

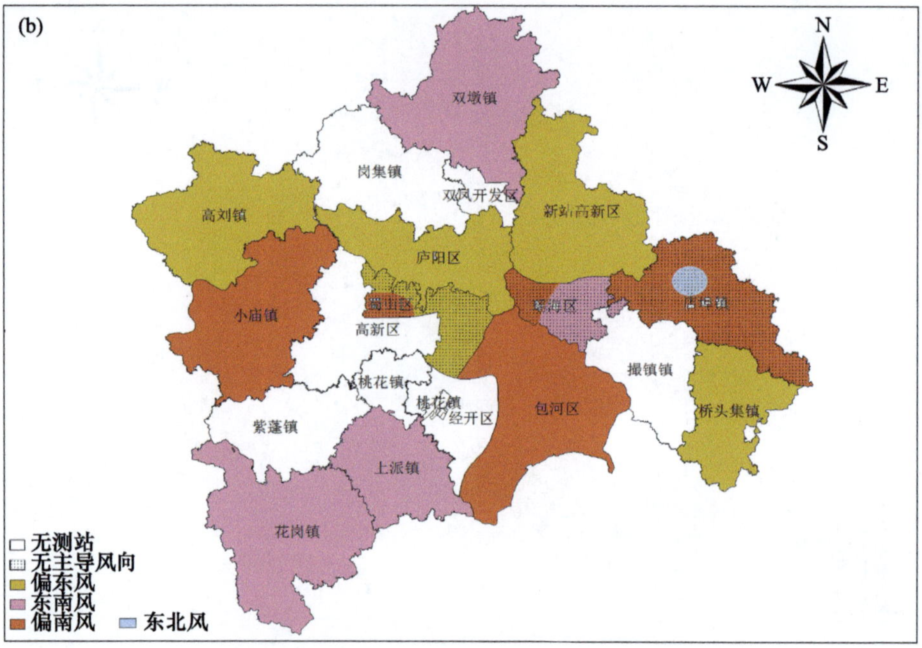
(b)
N
W
E
S
双墩镇
岗集镇
双凤开发区
高刘镇
新站高新区
庐阳区
小庙镇
高新区
桃花镇
桃花镇
经开区
包河区
撮镇镇
桥头集镇
紫蓬镇
上派镇
花岗镇
无测站
无主导风向
偏东风
东南风
偏南风
东北风

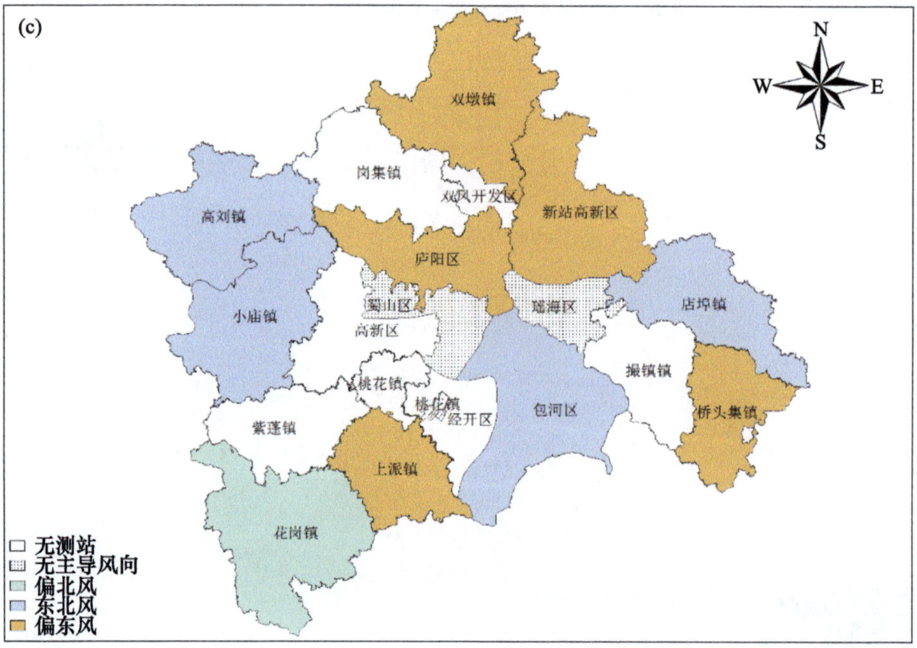
(c)
N
W
E
S
双墩镇
岗集镇
双凤开发区
高刘镇
新站高新区
庐阳区
小庙镇
蜀山区
高新区
瑶海区
店埠镇
桃花镇
桃花镇
经开区
包河区
撮镇镇
桥头集镇
紫蓬镇
上派镇
花岗镇
无测站
无主导风向
偏北风
东北风
偏东风

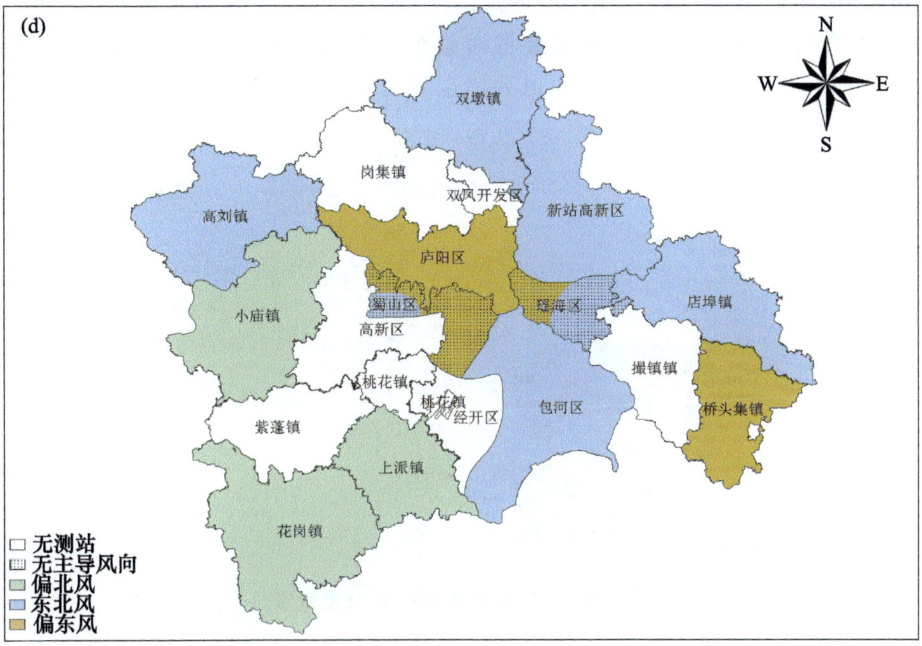

图 3.5 春季 (a)、夏季(b)、秋季 (c)、冬季(d)主导风向分布图

从各风向出现的站点频率也可以看出风向的季节变化特征(图 3.6)。全年、春季和秋季出现偏东风的站点占全部站点的 40%，为该时段各风向之最；位居第二的主导风向，全年为东北和东南风(站点频率均为 15%左右)；春季为东南风(约 15%)；秋季为东北风(超过 30%)。冬季以东北风为主导风向的站点最多，超过 40%；其次为偏北风(20%左右)；主导风为东南和偏南的站点为 0 站。夏季主导风向为偏东风的站点最多，超过 30%；其次为东南风；再次为偏南风，并且偏南风为主导风向只在该季节出现；而主导风为东北和偏北风的站点均为 0 站。全年及四季无主导风向的站点也较多，春夏两季超过 20%，其他时段也超过了 15%。

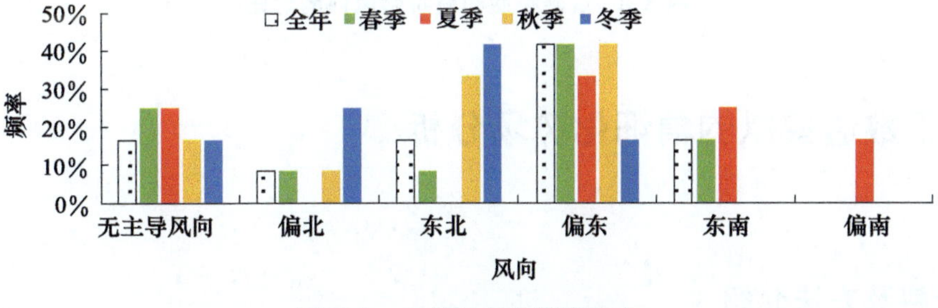

图 3.6 主导风向的频率分布

3.1.4 周边环境对风向的影响

以高刘镇两个区域自动站的风向分布为例(具体位置见图 3.7)，说明周边环境不同对风向可能产生明显的影响(图 3.8)。G 新桥站位于高柳镇南部，其南部为高速公路，西部为服务区，受建筑及车流影响，该站四季均以东南风为主。而新桥站位于高刘镇北部，周边地势开阔，在秋冬季东北风、春夏季东南风增多，全年主导风向为偏东风，与合肥大部地区基本一致。

综上所述，在构建通风廊道时，除了要考虑整个区域的主导风向，当廊道经过特殊地形和环境时，尤其是建筑密集区，对其小的通风环境也要有一定的考量。

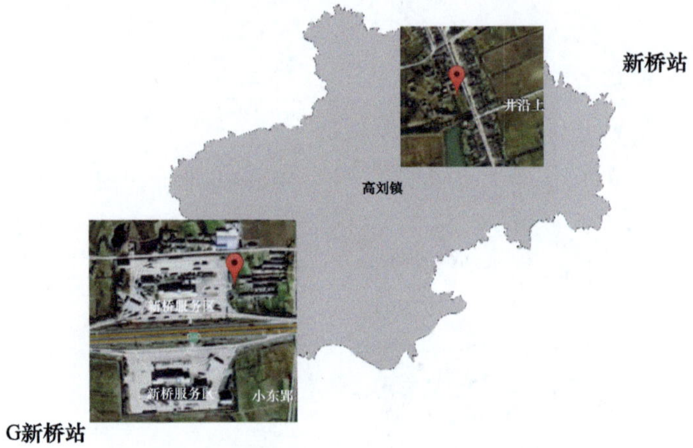

图 3.7　G 新桥站和新桥站位置示意

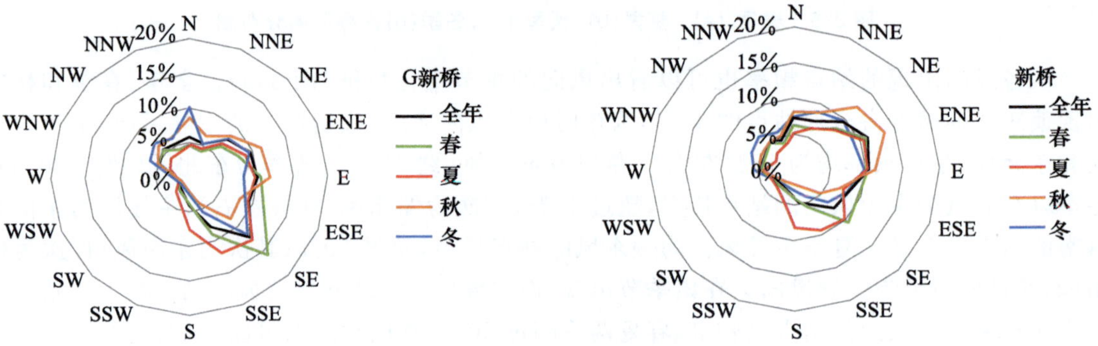

图 3.8　G 新桥站和新桥站风向的对比

3.2　基于数值模拟的精细化风场分析

3.2.1　资料及方法介绍

3.2.1.1　资料介绍

本研究所用到的资料主要有以下几种：

(1)CIMISS(全国综合气象信息共享平台)数据集；

(2)驱动 WRF 模式运行所用的 NCEP/NCAR 每日 4 次的 GFS 全球客观分析场资料；

(3)NCEP/NCAR 客观再分析资料。

3.2.1.2 WRF 数值模式简介

WRF 数值模式(weather research forecast),是由 NCAR 中尺度天气部(MMM)、国家海洋和大气局(NOAA)的国家环境预报中心(NCEP)以及预报系统实验室(FSL)联合美国国防部直属的空军天气所(AFWA)海军研究实验室(NRL)等多家机构联合研制开发的目前最新一代中尺度天气预报和数据同化系统。

(1) WRF 中尺度模式的特点

WRF 数值模式是完全可压缩、非静力模式,控制方程组为通量形式,采用 Fortran90 语言编写。水平方向采用 Arakawa C(荒川 C)网格点(重点考虑 1～10 km),以便在高分辨率模拟中提高准确性,垂直方向则采用地形跟随质量坐标,在时间积分方面采用三阶或者四阶的 Runge-Kutta 算法。WRF 模式开发设计非常灵活,代表了当今中尺度模式发展的最高水平,并且还可进行可视化操作,不同平台间的可移植性也非常好,对不同的操作系统有非常好的适应性。WRF 中尺度模式所提供的物理过程和动力选项来自于经验统计和科学试验。模式结合先进的数值计算方法和资料同化技术,采用经过改进的物理过程方案,具有多重嵌套以及方便定位于不同地理位置的能力。具有可移植、易维护、可扩充、高效率等诸多特性。

WRF 数值模式是由 NCAR 负责维护和技术支持的开源模式,对外免费开放模式源代码。在 2000 年 11 月 30 日发布第一版,随后 2001 年 5 月 8 日发布更新后的版本 WRF1.1,2017 年 8 月已更新至 WRFV3.9.1 版本。本研究使用的版本是 WRFV3.8.1。

(2)WRF 模式系统构成及基本框架

WRFV3.8.1 模式主要由:①前处理模块(the WRF preprocessing system,WPS)和变分资料同化(WRF-VAR);②主模式模块对模式积分区域内的大气过程进行积分运算;③模式产品后处理对模式输出结果 (NETCDF 格式)进行分析处理这三大模块构成,如图 3.9 所示。

(3)WRF 模式的基本方程组

WRF 模式垂直坐标定义为:

$$\eta=\frac{(p_h-p_{ht})}{\mu},\text{其中 }\mu=p_{hs}-p_{ht} \tag{3.1}$$

式中,p_h 表示气压的静力部分,p_{hs} 和 p_{ht} 分别表示地面气压值和模式顶部气压值。η 在地面值是 1,在模式顶部的值是 0。这种坐标也称为质量坐标。

设 $\mu(x,y)$ 表示在模式区域(x,y)上气柱内的单位面积上的质量,则通量形式的变量可定义为:

$$V=\mu\nu=(U,V,W),\Omega=\mu\eta,\Theta=\mu\theta \tag{3.2}$$

设 $\mu=(u,v,w)$ 分别表示 x、y 和 z 方向的协变速度,$\omega=\eta$ 表示垂直协变速度。θ 表示位温。

a. 通量形式的欧拉方程

运用以上定义的变量,通量形式的方程可写成:

$$\partial_t U+(\nabla\cdot\mathbf{V}_u)-\partial_x(p\partial_\eta\phi)+\partial_\eta(p\partial_x\phi)=F_U \tag{3.3}$$

$$\partial_t V+(\nabla\cdot\mathbf{V}_v)-\partial_y(p\partial_\eta\phi)+\partial_\eta(p\partial_y\phi)=F_V \tag{3.4}$$

$$\partial_t W+(\nabla\cdot\mathbf{V}_w)-g(\partial_\eta p-\mu)=F_W \tag{3.5}$$

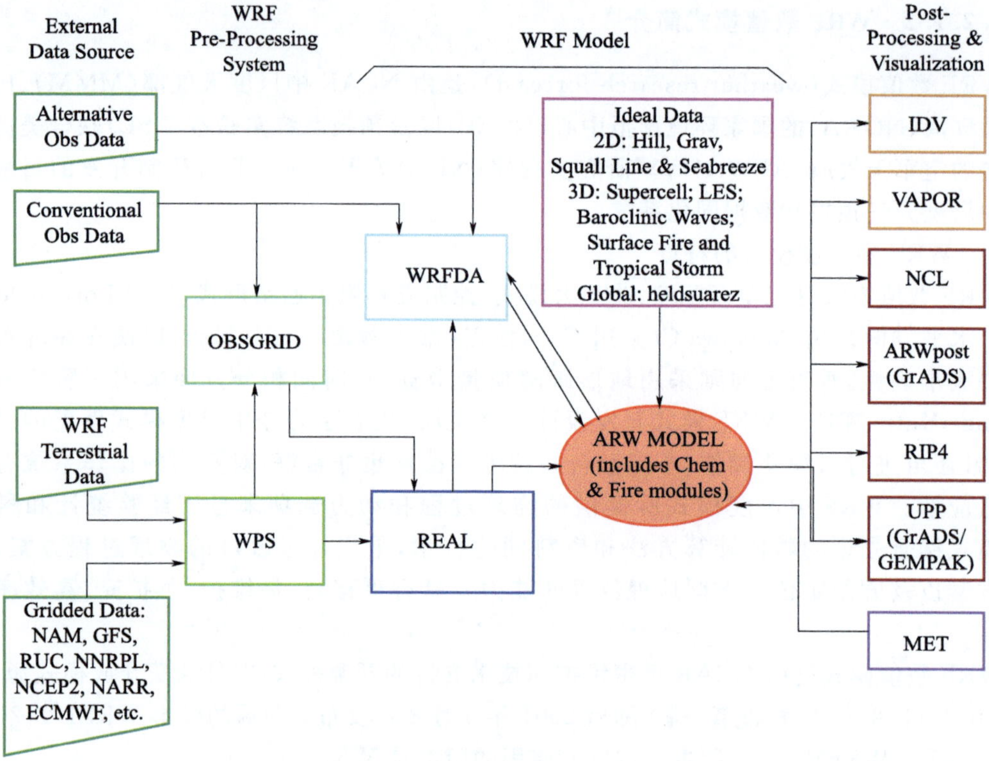

图 3.9　WRF 模式系统流程图(引自 WRF 官网手册)

$$\partial_t \Theta + (\nabla \cdot \boldsymbol{V}\theta) = F_\Theta \tag{3.6}$$

$$\partial t\mu + (\nabla \cdot \boldsymbol{V}) = 0 \tag{3.7}$$

$$\partial_t \phi + \mu^{-1}[(\boldsymbol{V} \cdot \nabla\phi) - gW] = 0 \tag{3.8}$$

$$\partial_t \phi = -\alpha\mu \tag{3.9}$$

$$p = p_0 \left(\frac{R_d\theta}{p_0\alpha}\right)^r \tag{3.10}$$

在以上方程组中,下标 x,y 和 η 表示微分。

$$\nabla \cdot \boldsymbol{V}\alpha = \partial_x(U\alpha) + \partial_y(V\alpha) + \partial_\eta(\Omega\alpha)$$

$$\boldsymbol{V} \cdot \nabla\alpha = U\partial_x\alpha + V\partial_y\alpha + \Omega\partial_\eta\alpha$$

α 表示一个通量变量。$r=C_p/C_v=1.4$ 表示干空气热容比,R_d 是干空气气体常数,p_0 表示标准气压。方程右边的项 F_U,F_V,F_W 和 F_Θ 表示由于模式的物理过程参数化、湍流混合、投影方式以及地球旋转引起的强迫项。

b. 湿欧拉方程

垂直坐标可写为:

$$\eta = \frac{(p_{dh} - p_{dht})}{\mu_d} \tag{3.11}$$

μ_d 代表圆柱干空气,p_{dh} 和 p_{dht} 分别表示干空气的静力气压和干大气顶部的静力气压。被结合的变量可定义为:

$$V = \mu_d V, \Omega = \mu_d \eta, \Theta = \mu_d \theta \tag{3.12}$$

根据这些定义，湿欧拉方程可写为：

$$\partial_t V+(\nabla\cdot \boldsymbol{V}_v)+\mu_d\alpha\partial_y p+\left(\frac{\alpha}{\alpha_d}\right)\partial_\eta p\partial_y\phi=F_V \tag{3.13}$$

$$\partial_t U+(\nabla\cdot \boldsymbol{V}_u)+\mu_d\alpha\partial_x p+\left(\frac{\alpha}{\alpha_d}\right)\partial_\eta p\partial_x\phi=F_U \tag{3.14}$$

$$\partial_t W+(\nabla\cdot \boldsymbol{V}_w)-g\left[\left(\frac{\alpha}{\alpha_d}\right)\partial_\eta p-\mu_d\right]=F_W \tag{3.15}$$

$$\partial_t\Theta+(\nabla\cdot \boldsymbol{V}_\theta)=F_\Theta \tag{3.16}$$

$$\partial_t\mu_d+(\nabla\cdot \boldsymbol{V})=0 \tag{3.17}$$

$$\partial_t\phi+\mu_d^{-1}[(\boldsymbol{V}\cdot\nabla\phi)-gW]=0 \tag{3.18}$$

$$\partial_t \boldsymbol{Q}_m+(\nabla\cdot \boldsymbol{V}q_m)=F_{Q_m} \tag{3.19}$$

比容诊断方程：

$$\partial_\eta\phi=-\alpha_d\mu_d \tag{3.20}$$

完全气压（水汽和干空气）诊断方程：

$$p=p_0\left(\frac{R_d\theta_m}{p_0\alpha_d}\right)^r \tag{3.21}$$

在这些方程中，α_d 是干空气的密度的倒数（$1/\rho_d$），而 $\alpha=\alpha_d\ (1+q_v+q_c+q_r+\cdots)^{-1}$，$q_m$ 表示水汽、云、冰的混合比。另外：

$$\theta_m=\theta\left(1+\frac{R_v}{R_d}q_v\right)\approx\theta(1+1.6q_v),\boldsymbol{Q}_m=\mu_d q_m,q_m=q_v,q_c,q_r,\cdots \tag{3.22}$$

（4）WRF 模式的物理过程及参数化

WRFV3.8.1 中包含了 10 多种积云对流参数化选项，主要有：无积云对流参数化方案、Kain-Fritsch 方案、Betts-Miller-Janjic 方案、Grell-Devenyi 方案、简单 Arakawa-Schubert 方案、新 Grell 方案、Tiedtke 方案、Zhang-McFarlane 方案、新 SAS 方案和旧 Kain-Fritsch 方案。WRFV3.8.1 中还包括了 20 多种微物理参数化选项，分别为无微物理过程、Kessler 方案、Lin 方案、WRF 单变数（Single-Moment）3 类微物理参数化方案（WSM3 方案）、WSM5 方案、Eta 微物理方案、WSM6 方案、Goddard 微物理方案、新 Thompson 方案、Milbrandt-Yau 双变数（Double-Moment）7 类微物理参数化方案、Morrison 方案、WRF 双变数（Double-Moment）5 类微物理参数化方案（WDM5 方案）、WDM6 方案和 Ston-Brook 大学方案，NSSL2-mom 方案，NSSL2-mom+CCN 方案，NSSL1-mom 方案，NSSL1-momlfo 方案。WRFV3.8.1 中提供了 12 种边界层参数化方案供选择，分别为无边界层参数化、YSU 边界层方案、Mellor-Yamada-Janjic（Eta）湍流动能（TKE）边界层方案、NCEP GFS 边界层方案、QNSE 边界层方案、MYNN 2.5 阶 TKE 边界层方案、MYNN 3 阶 TKE 边界层方案、ACM2（Pleim）方案、Bougeault 和 Lacarrere（BouLac）TKE 边界层方案、Bretherton-Park/UW TKE 边界层方案、TEMF 方案和 MRF 边界层方案。

下面对较常用的 2 种积云对流参数化方案、4 种微物理参数化方案和 2 种边界层参数化方案进行简要的介绍。

浅对流 Kain-Fritsch 方案（Kain et al.，1990；Kain et al.，1993；Kain，2004）利用了一个伴随水汽上升和下沉的简单云模式，同时包括了卷入和卷出过程的影响，以及相对粗糙的微物理过程的作用，通过质量通量形式来考虑云中水汽的作用，另外也考虑浅对流系统对降水的影响。

Grell-Devenyi 集合方案(Grell et al. ,2002)在每个格点运行多种积云方案和变量,再将结果平均地反馈到模式中,该方案是一种质量通量型方案,但是带有不同的上升、下沉、卷入、卷出参数和降水率,是一种决定云质量通量的方案。该方案中上升气流卷入、下曳气流卷出以及降水较其他方案有所不同,云质量通量由静力及动力条件共同控制,动力控制决定于有效位能、低层垂直速度及水汽汇合。

WSM5 方案(Hong et al. ,2004)采用简单的冰方案,方案包括水汽、雨、雪、云冰和云水,允许过冷水存在,同时降雪在融化层以下缓慢融化,饱和度的调整采用 Dudhia(1989)和 Hong 等(1998)等人的方法,即将冰和水的饱和过程分别进行处理,而不是像 Lin 方案和 Goddard 方案那样将其处理成混合的饱和过程,该方案在解决云尺度到中尺度的网格距时是有效的。

Lin 微物理方案(Lin et al. ,1983;Rutledge et al. ,1984)中包括了对水汽、云水、雨水、云冰、雪和霰的预报,在结冰点(−40 ℃)以下,云水全部冻结成冰,雨水处理为雪,当温度 $T>0$ ℃时,云冰全部融化成云水,雪全部融化为雨水,当温度介于两者之间时,云水、冰、雨水、雪和霰可以共存。该方案是 WRF 模式中相对复杂的微物理过程方案,考虑了水汽、云水、雨水、冰、雪和霰之间 32 种不同的相互作用,适用于实时资料的高分辨率模拟。

WSM6 方案(Hong et al. ,2006)扩充了 WSM5 方案,增加了霰及其相关物理过程,其中霰的参数过程与 Lin 方案比较类似,但在计算增长和其他参数上有些差别,在下降过程中考虑凝结/融化过程来提高垂直加热廓线的计算精度。对计算的量级进行最优化处理,减小方案对模式时间步长的敏感性,WSM6 方案最适合解决云尺度,充分考虑了效率与理论背景的结合。

Thompson 方案(Thompson et al. ,2004)改进了微物理过程和计算过程,预报变量包含 6 种水物质和冰晶数浓度。该方案中预报变量在 WSM6 的基础上增加了冰晶数浓度预报。由于数浓度不再通过经验关系计算,微物理过程的计算更为准确。该方案中雨滴分布函数依赖于雨水混合比,这样就假定水滴经历了一个从云滴尺度通过毛毛雨滴最终变成雨滴的逐渐转换过程,使得雨滴的下落速度较为连续和合理。

YSU(YonSei University)边界层方案(Hong et al. ,2006)根据使用反梯度项来表示通量形式,从而能在边界层顶显式地处理卷吸层。同时,在边界层中使用增强的垂直通量系数,边界层高度由临界 Richardson 数决定。

MYJ(Mellor-Yamada-Janjic)边界层方案(Janjic Z I,2002)用边界层和自由大气中的湍流参数化来代替 Mellor-Yamada 2.5 阶湍流闭合模型,在实现过程中,引入主尺度的上限,这个上限取决于 TKE 方案和浮力及驱动流切变。TKE 产生/消散的微分方程通过迭代来求解,对经验常数数值也做了一些修正。

3.2.2 风场精细化数值模拟

3.2.2.1 模式静态数据精细化

模式下垫面的土地利用类型可以影响到地面反射率、粗糙度、热惯性等,因此其是控制陆面过程和边界层结构的重要参数之一。WRF 模式静态数据资料中的土地利用类型资料是由美国地质勘测部发布的，其最高分辨率为 30′，共有 24 种土地利用类型。这个资料是从 1 km 甚高分辨率辐射计 1992 年 4 月到 1993 年 3 月这 12 个月的资料中提取的。随着城市化进程的发展，城市城区面积不断扩大。因此，WRF 现有静态数据中旧的城市土地利用类型范围比实际范围偏小。另外，新的土地利用资料已从原来的 24 类扩展到 33 类，其中第一类城市土地利用类型又被细分为 3 类（在新的土地利用类型中被列为第 31～33 类）：第 31 类，低密度住宅区，不透水地表占总地表面积的 20%～49%；第 32 类，高密度住宅区，不透水地表占总地表面积的 50%～79%；第 33 类，工商业区，不透水地表占总地表面积的 80%～100%。

因此，利用较新的遥感卫星资料，对 WRF 自带的合肥市辖区内的土地利用类型及地形高度等静态数据进行了更新订正，新的土地利用资料比 WRF 模式原有的资料更加细致地描绘出合肥市辖区的森林、水体、城市、农田等的土地利用特征，此精细化的下垫面信息将有助于提高 WRF 模式的精细化模拟水平。

图 3.10 为订正前后的合肥市辖区内地形分布特征对比，由于地形高度随时间变化较小，可以看出订正前、后的合肥市辖区内地形分布变化不大，但通过订正后，地形分布更加细致，大蜀山的山顶高度较旧资料有明显订正，更加接近实际高度。

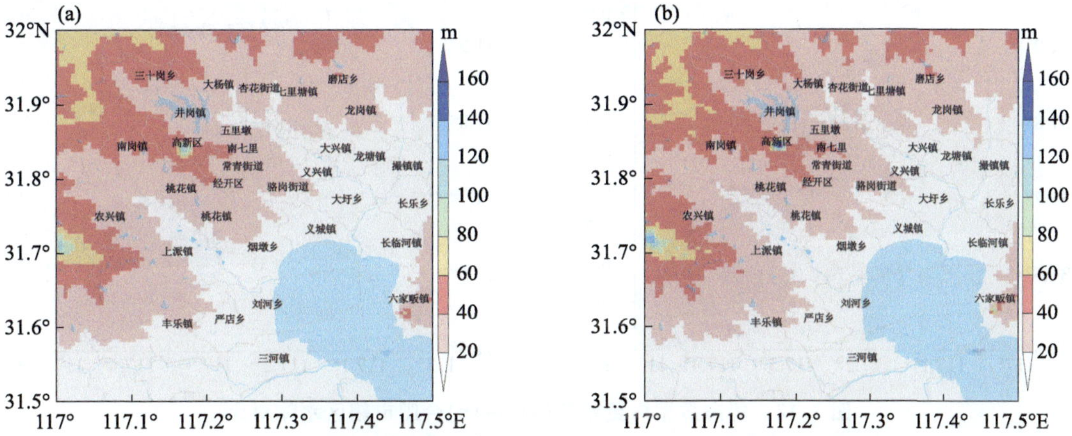

图 3.10 静态数据库更新前(a)、后(b)合肥市辖区地形高度场对比

图 3.11 为订正前后的合肥市辖区内农田分布特征对比，可以看出订正后的合肥市辖区内农田分布更加精细准确，乡镇的城区用地和零散分布的水体这些不适于农业种植的地块得到了很好的修正，这样可以很好地纠正由下垫面信息不准确所导致的模式精细化模拟偏差。

图 3.12 为订正前后的合肥市辖区水体分布特征对比，可以看出订正后的合肥市辖区内水体描绘的更加精细准确，面积较小的水体也有了很好的表征，这对模式更加准确的精细化模拟非常有利。

图 3.13 为订正前后的合肥市辖区城市土地利用类型对比，可以看出订正后的合肥市城区面积扩大，不透水地表面积占比分布特征更加精细，下辖各乡镇的城区分布有了较好的表征。在此基础上，进一步将城市土地利用类型细分为低密度住宅区、高密度住宅区和工商业区 3 类（图 3.14）。

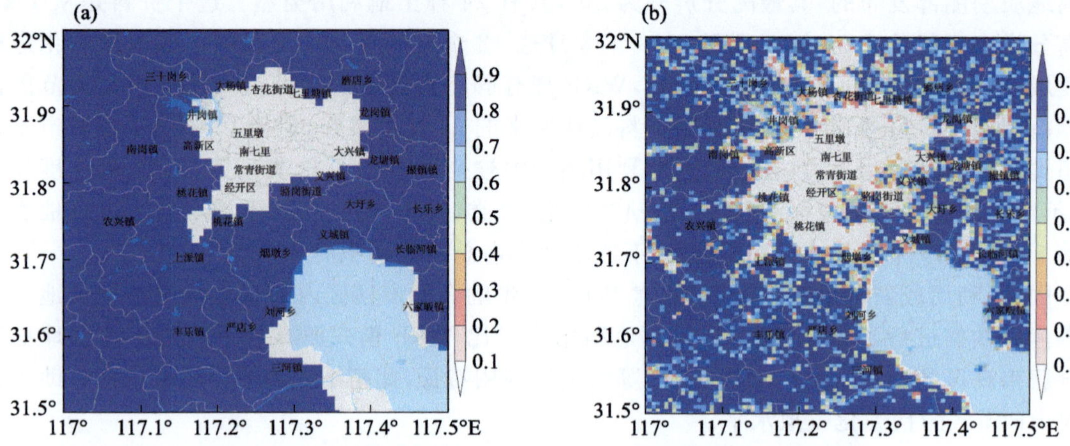

图 3.11　静态数据库更新前(a)、后(b)合肥市辖区农田用地对比

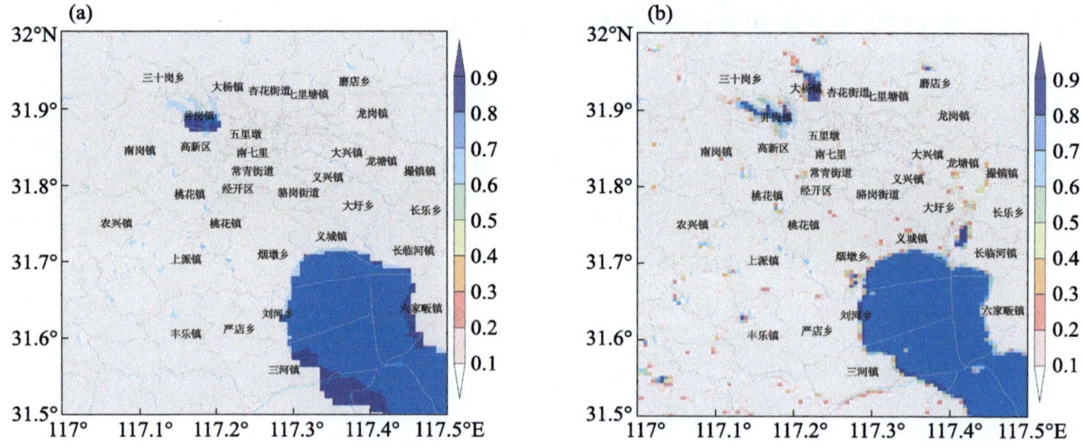

图 3.12　静态数据库更新前(a)、后(b)合肥市辖区水体对比

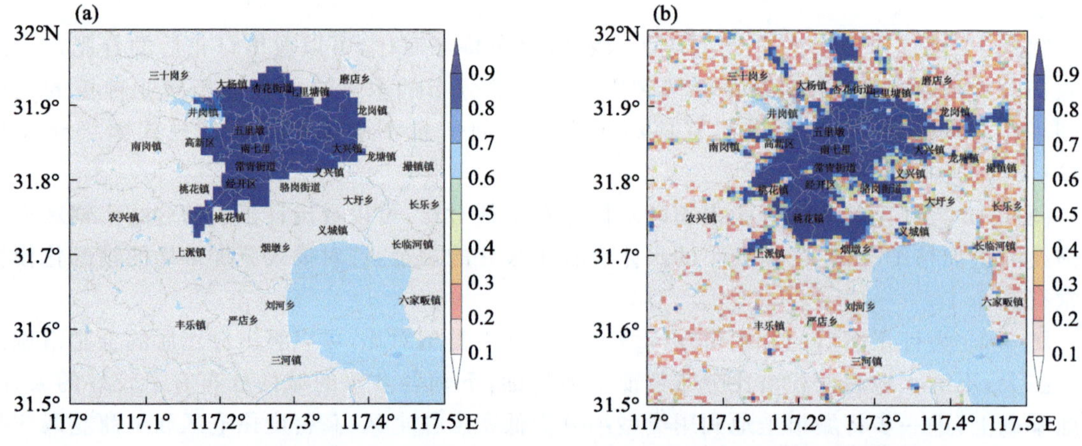

图 3.13　静态数据库更新前(a)、后(b)合肥市辖区城市土地利用类型对比

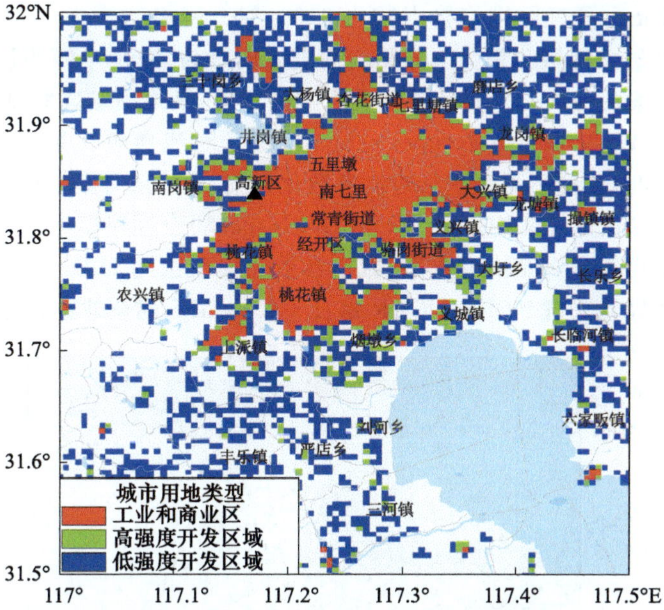

图 3.14 新增三类城市土地利用类型

3.2.2.2 典型天气个例筛选

为了使个例更具研究的代表性，在挑选个例时主要考虑处于污染天气过程背景下的静稳天气个例。另外，为了把握合肥市风环境的季节特征，还需要分季节对合肥市典型静稳天气过程的风场进行精细化模拟。

综上，典型静稳天气个例的筛选规则主要考虑以下三个方面：

(1)处于污染天气过程背景下；

(2)弱风：通风廊道项目重点需要了解软轻风(0.3～3.3 m/s)的风环境特征，因此，筛选过程个例时主要考虑 10 m 高度日平均风速小于 4 m/s，日最大风速小于 8 m/s 的天气过程。

(3)晴天：日日照时数大于 8 h 以上，日降水量为 0。

利用上述天气个例筛选规则，在近 5 年的资料中，最终确定以下 4 个典型天气个例作为后续风场精细化数值模拟的研究个例(表 3.1)。

表 3.1 典型天气个例

季节	过程时段	天气状况	环流形势	过程平均 AQI 值
春季	2018 年 4 月 15—20 日	晴天弱风	脊中	115
夏季	2017 年 7 月 21—28 日	晴天弱风	副高控制	130
秋季	2015 年 11 月 1—7 日	晴天弱风	平直西风气流	110
冬季	2017 年 2 月 2—7 日	晴天弱风	浅脊控制	125

3.2.2.3 风场精细化数值模拟模型设计

使用较新的 WRF 模式 3.8.1 版本，采用 4 层嵌套模式，以 117.3°E、31.8°N 为中心，模拟区域(图 3.15)第一层网格格点数为 100×100，网格间距为 13.5 km，第二层网格格点数为 208×

208，网格间距为 4.5 km，第三层网格格点数为 316×316，网格间距为 1.5 km，第四层网格(图 3.16)格点数为 244×244，网格间距为 0.5 km，垂直方向分为 50 个不等距层。通过借鉴前人相关模拟选取参数化方案的经验以及对各参数化方案的比较，最终确定选取以下参数化方案组合：微物理过程方案采用 WSM6-class graupel scheme，积云对流参数化采用浅对流 Kain-Fritsch 方案，其中模式第三和第四层不采用积云对流参数化方案，边界层方案采用 Mellor-Yamada-Janjic scheme，长、短波辐射参数化方案均采用 RRTMG scheme，陆面过程模型选取 Noah Land Surface Model，地表层过程采用 Eta similarity 方案，城市参数化模型选用 Urban canopy model 城市参数化方案。初始场及边界均来自 NCEP/NCAR 每日 4 次的 GFS 的全球客观分析场资料。

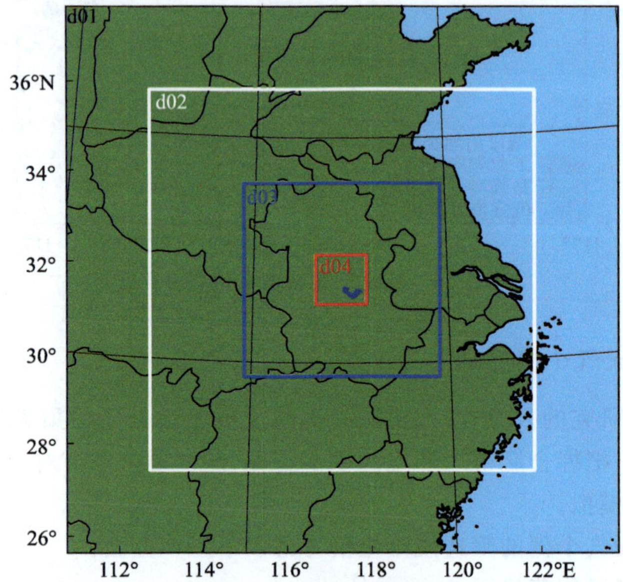

图 3.15　模拟区域设置

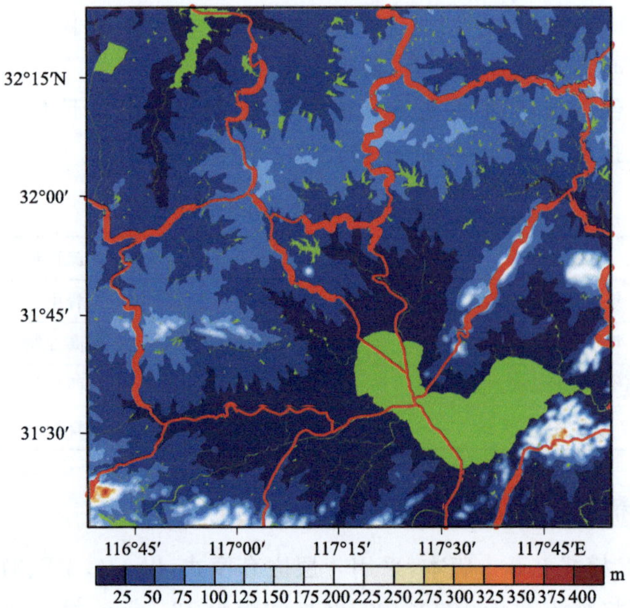

图 3.16　最内层 D4 区域范围

3.2.2.4 各季节典型静稳天气个例模拟

图 3.17 为各季节典型静稳天气个例合肥市科技园区域站(I4756)10 m 高度风速数值模拟与实况对比图,可以看出 WRF 模式较为逼真地刻画出 10 m 风速的日变化特征,模拟风速与实况风速偏差较小,风速逐小时变化特征也有较好的体现。通过综合对比分析,表明模型设计中各参数设置较为合理,模拟结果有较好的可信度,可以作为后续研究的基础。

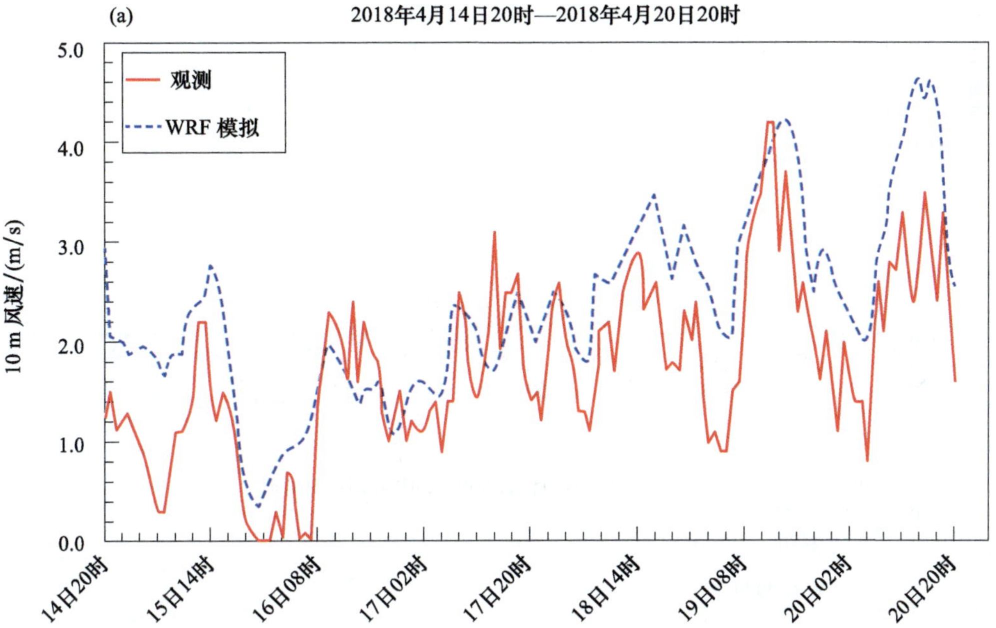

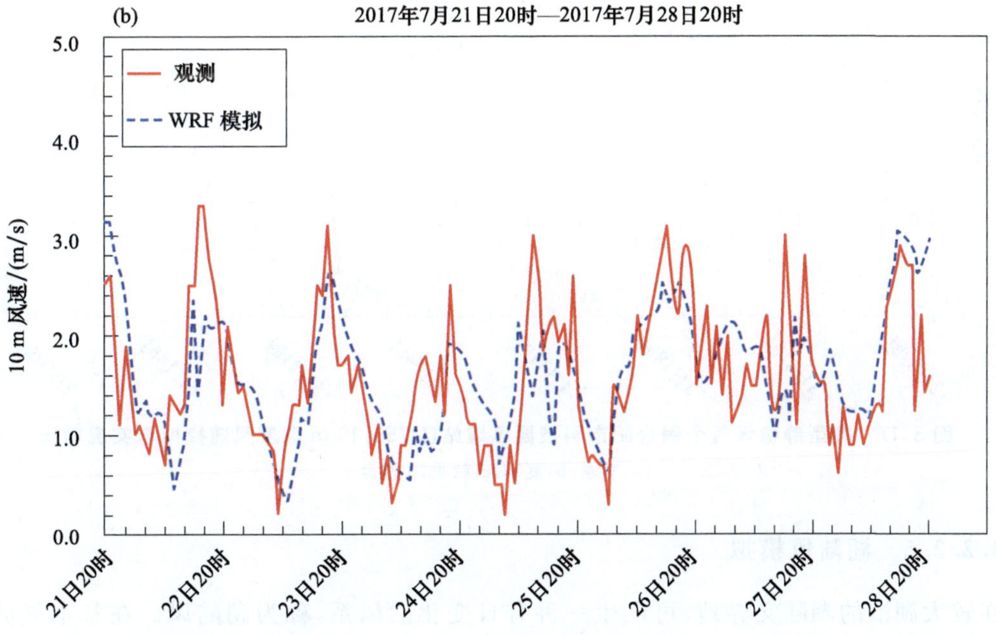

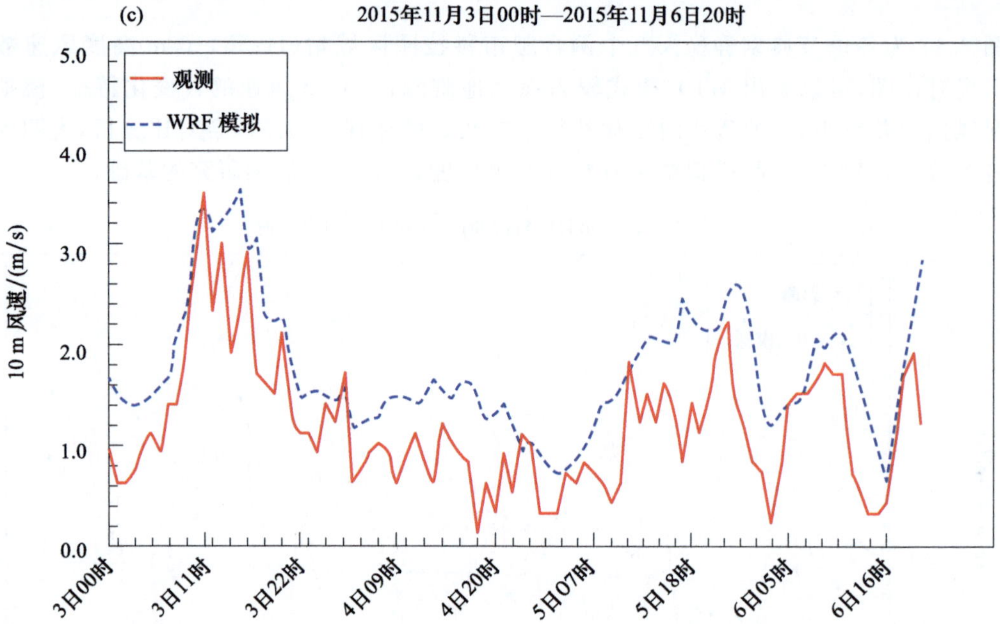

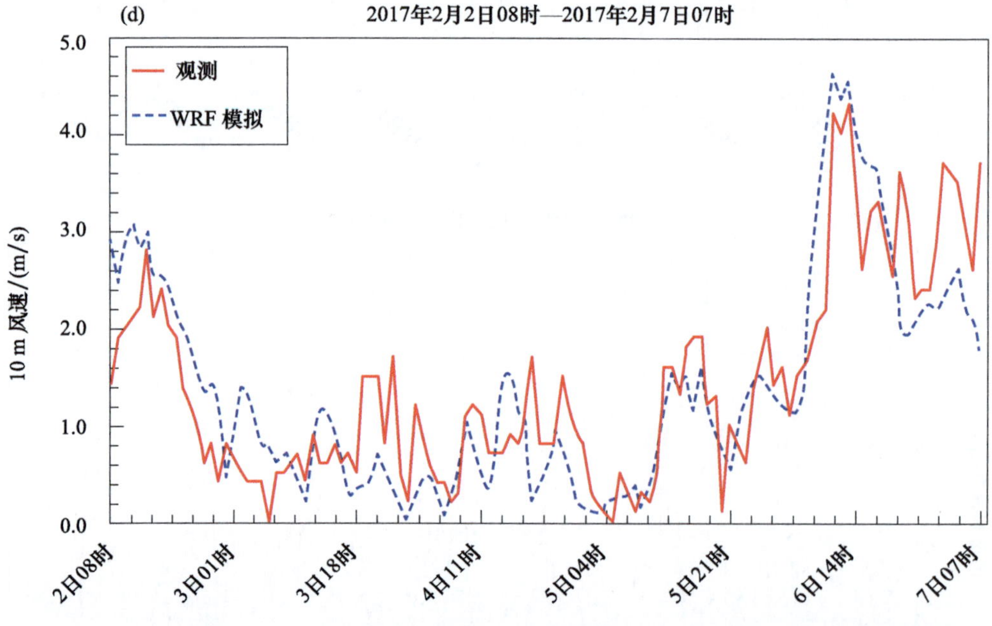

图 3.17　典型静稳天气个例合肥市科技园区域站(I4756)10 m 高度风速模拟与实况对比

(a:春季,b:夏季,c:秋季,d:冬季)

3.2.2.5　湖陆风模拟

在较大湖泊的湖陆交界地,可产生一种有日变化的风系,称为湖陆风。在基本气流微弱时,白天风从湖上吹向陆地(湖风),夜晚风从陆地吹向湖泊(陆风),合称为湖陆风。它对抑制中午暑热，调节气候有很好的作用。

合肥市位于巢湖之滨，境内巢湖是中国五大淡水湖之一，东西长 54.5 km，南北宽 21 km，水域面积 770 km^2，号称“八百里巢湖”，对于合肥市区有较明显的气候效应。为研究巢湖对合肥市区的湖陆风效应，将模式风场数据按照图 3.18 示意图中红线位置及走向做垂直剖面，得出风场环流垂直剖面图。

由图 3.19 至图 3.32 各季节个例风场环流垂直剖面图综合分析，可以发现：巢湖到合肥市区有较明显的湖陆风特征，夜间风由市区吹向巢湖，而到白天风又由巢湖吹向市区。特别是在夏季，白天湖风将巢湖水面凉爽的空气输送到市区，对沿岸居民有很好的消暑降温作用。春、夏、秋、冬四季中，夏季由于湖陆温差大、温度高、湍流强，湖陆风效应最明显；冬季由于温度低、温差小、湍流弱，湖陆风效应较其他季节偏弱。

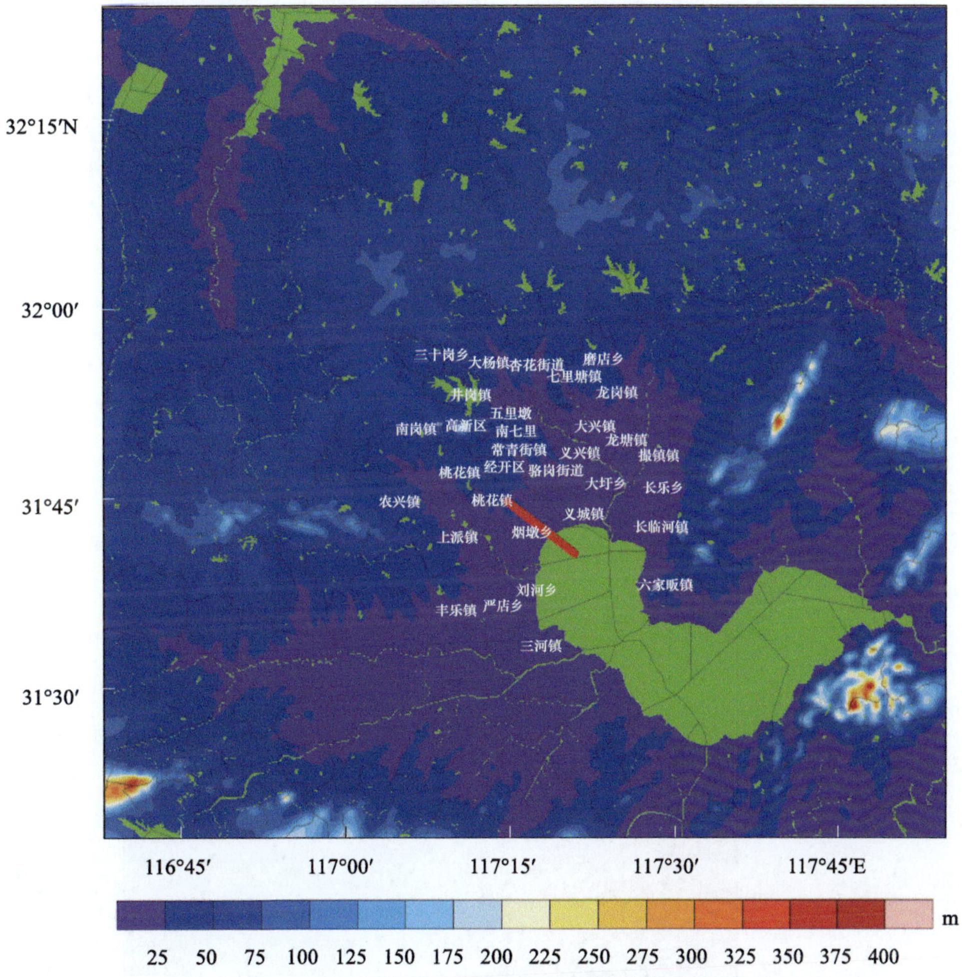

图 3.18 风场环流垂直剖面位置示意图

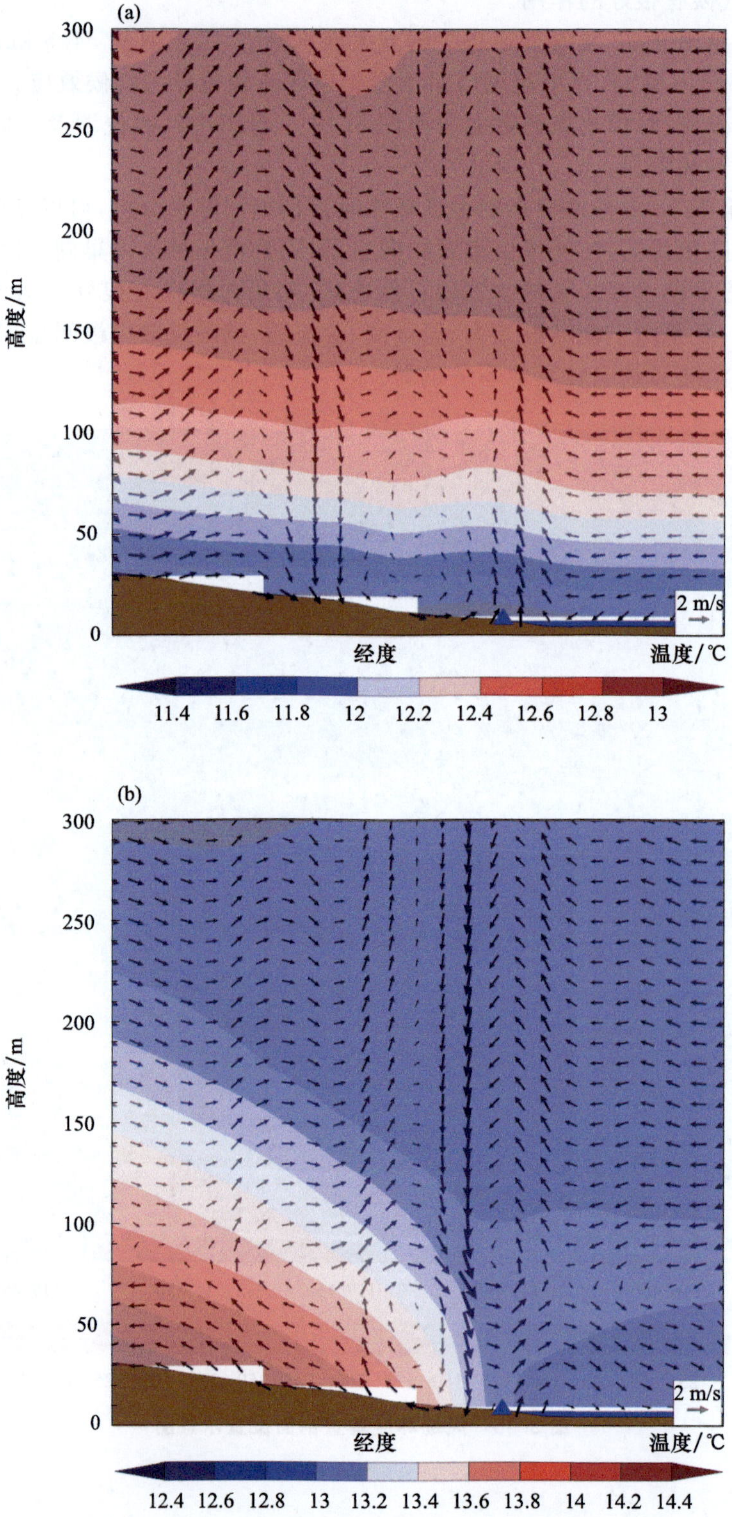

图 3.19　春季个例 2018 年 4 月 16 日湖陆风风场环流剖面(a:夜间,b:白天)

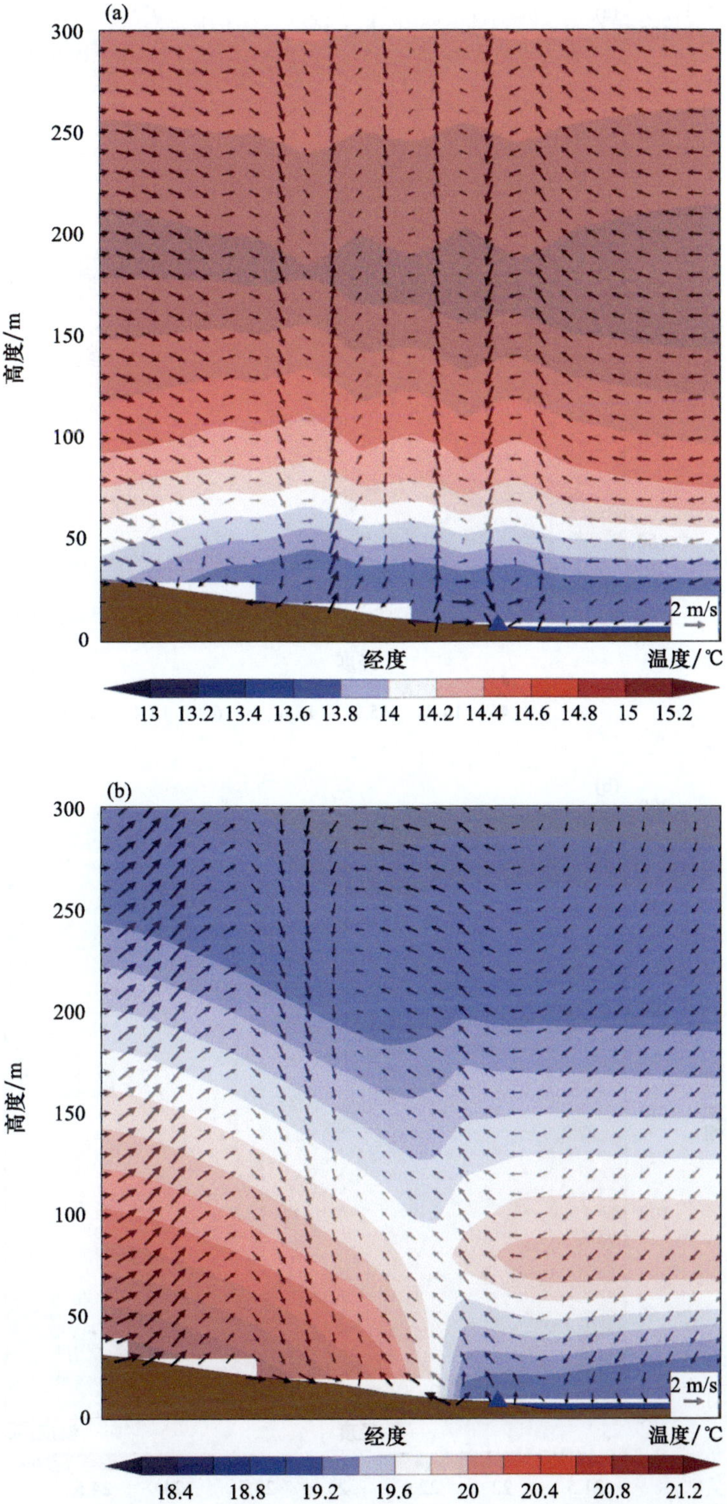

图 3.20　春季个例 2018 年 4 月 17 日湖陆风风场环流剖面(a:夜间,b:白天)

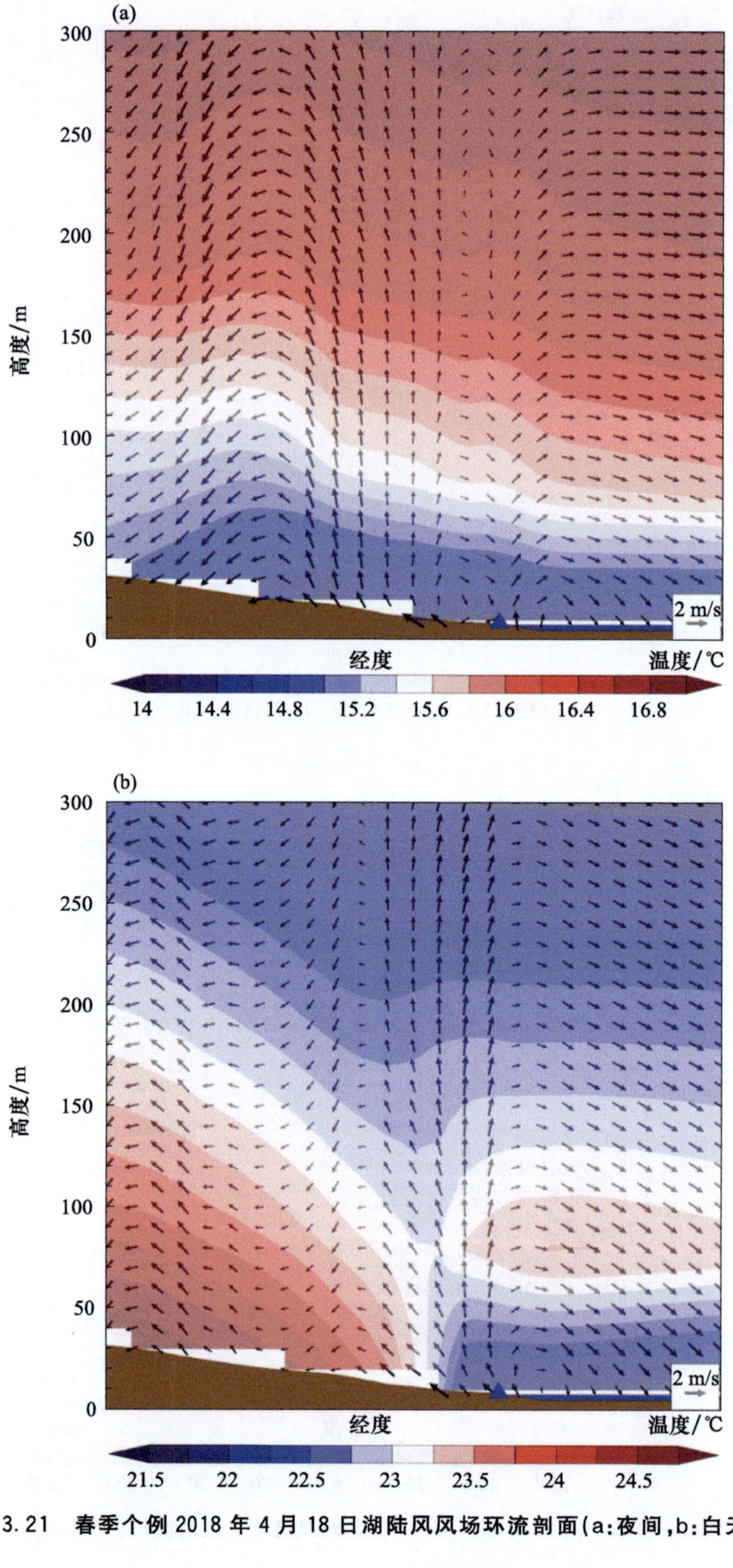

图 3.21　春季个例 2018 年 4 月 18 日湖陆风风场环流剖面(a:夜间,b:白天)

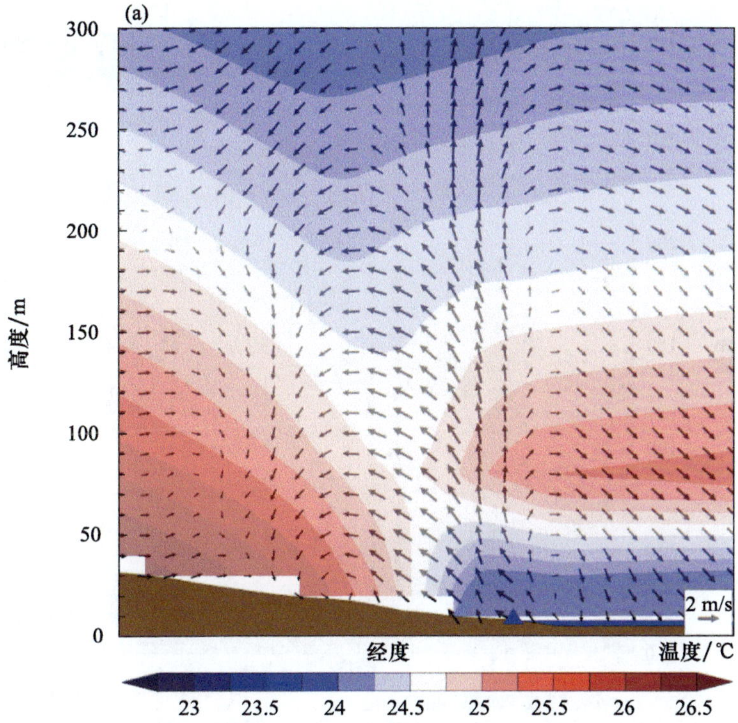

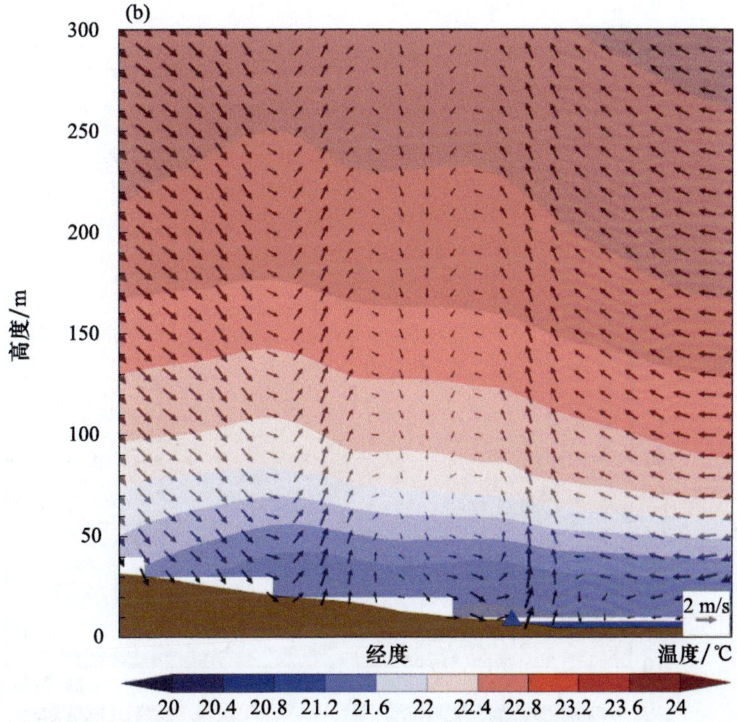

图 3.22 春季个例 2018 年 4 月 19 日湖陆风风场环流剖面(a:夜间,b:白天)

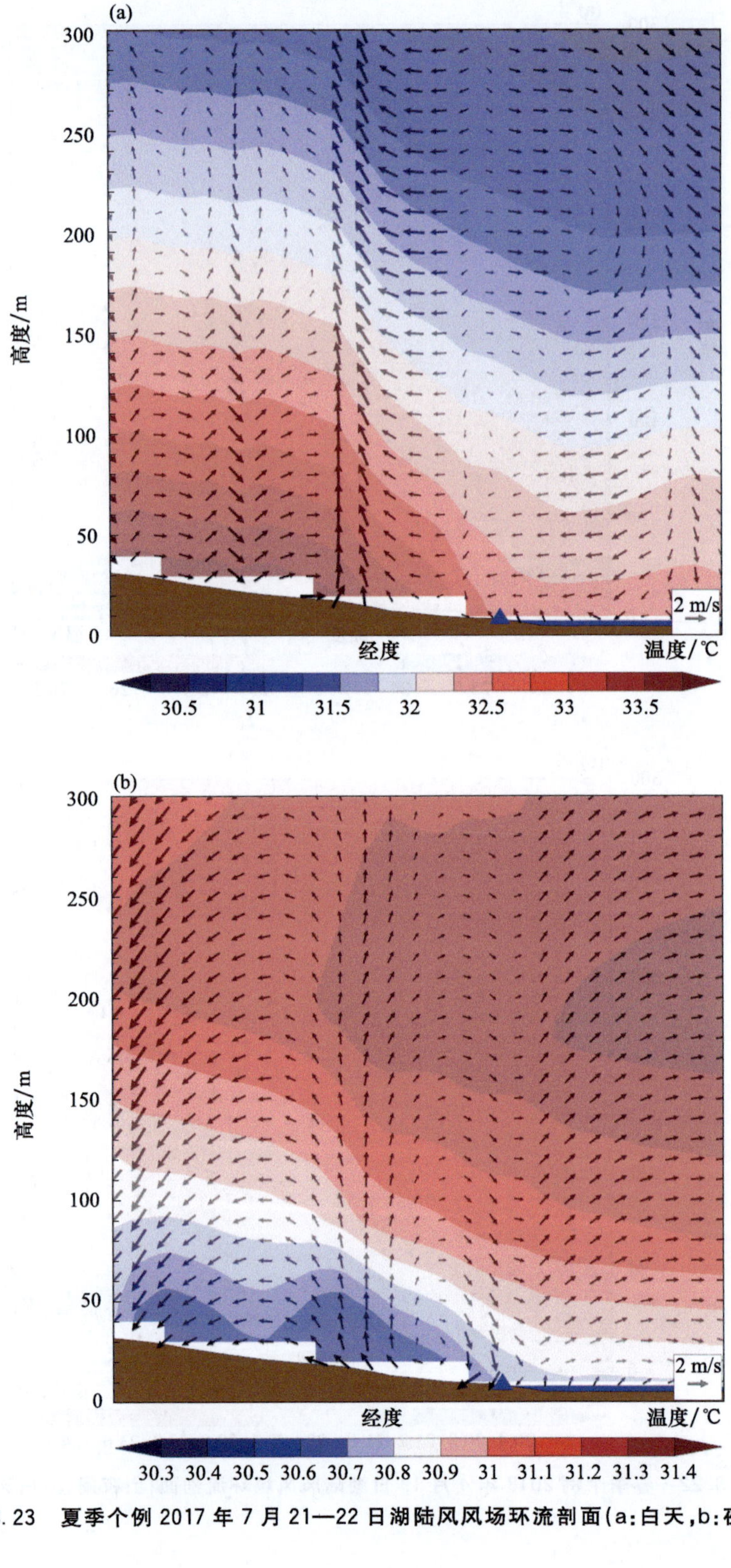

图 3.23 夏季个例 2017 年 7 月 21—22 日湖陆风风场环流剖面(a:白天,b:夜间)

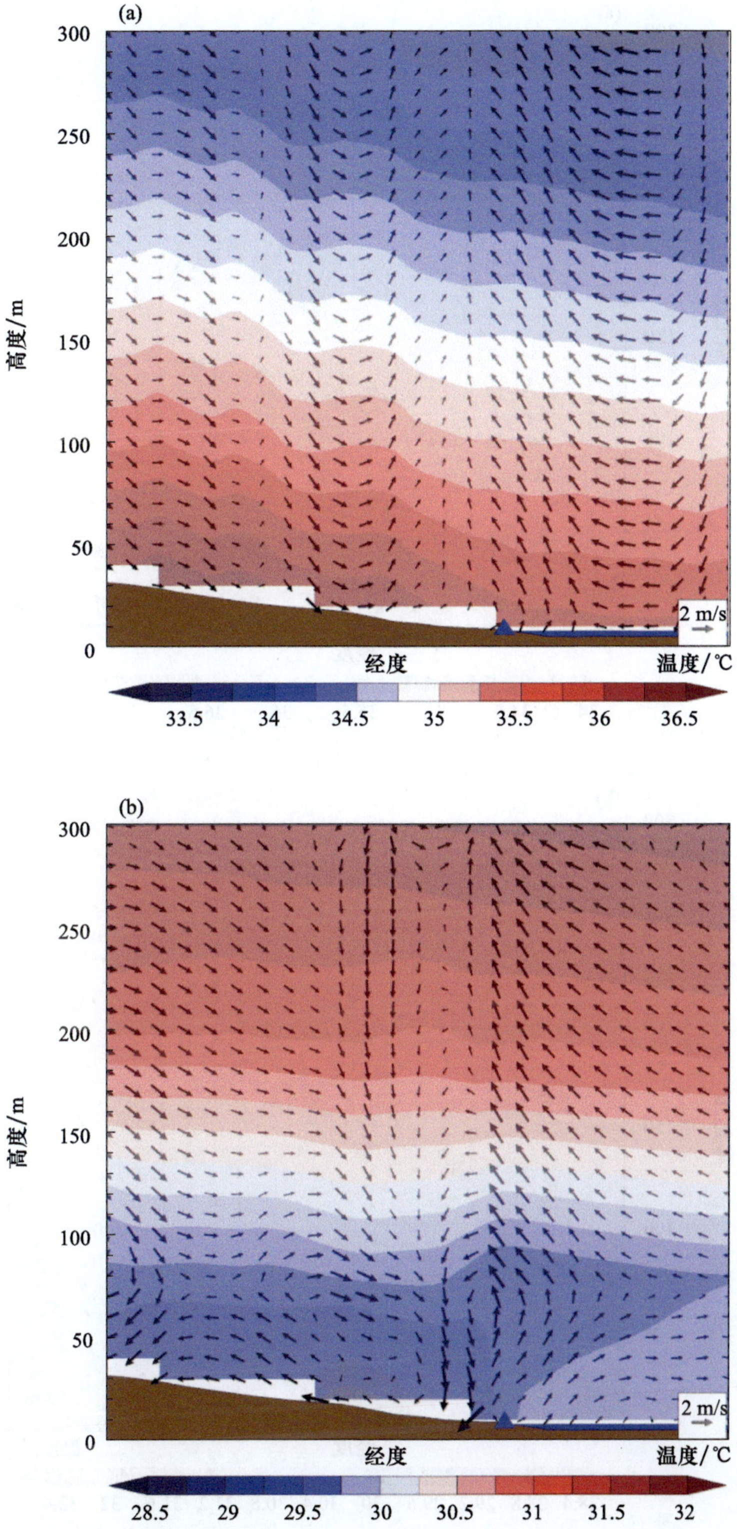

图 3.24 夏季个例 2017 年 7 月 22—23 日湖陆风风场环流剖面(a:白天,b:夜间)

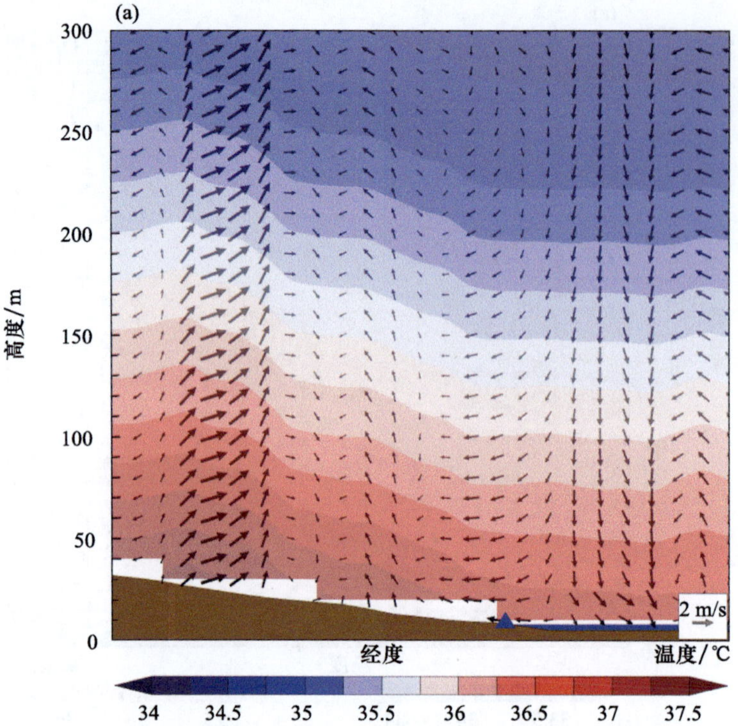

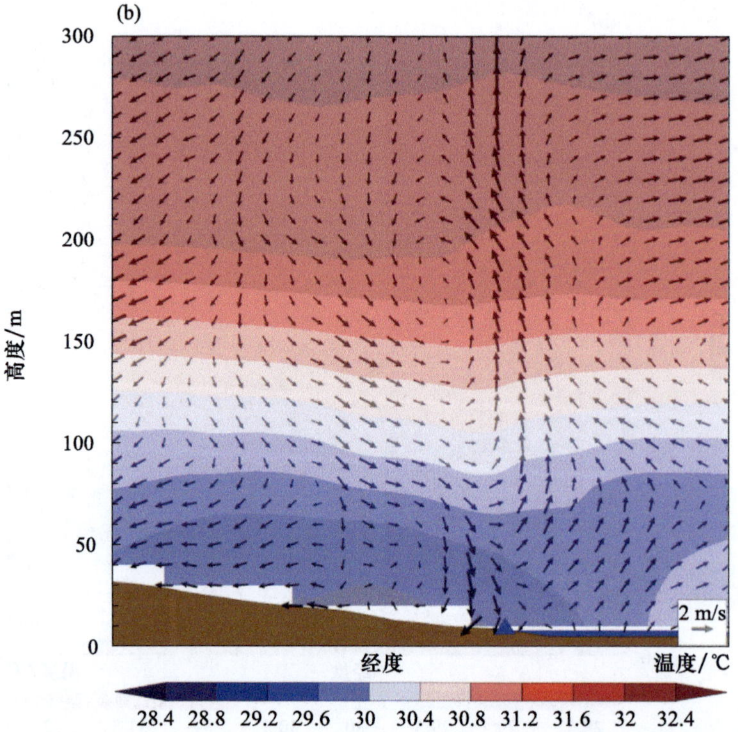

图 3.25 夏季个例 2017 年 7 月 23—24 日湖陆风风场环流剖面(a:白天,b:夜间)

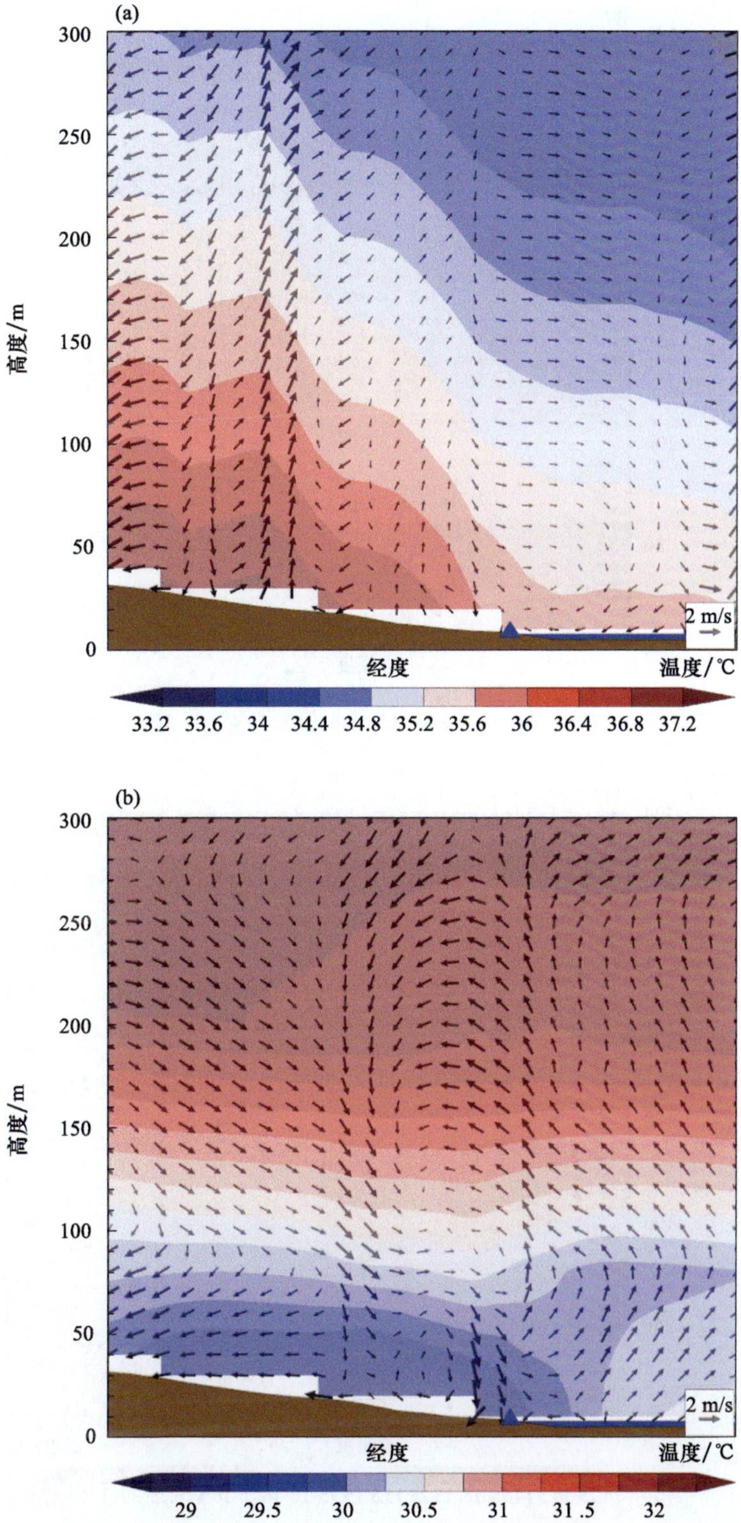

图 3.26　夏季个例 2017 年 7 月 24—25 日湖陆风风场环流剖面(a:白天,b:夜间)

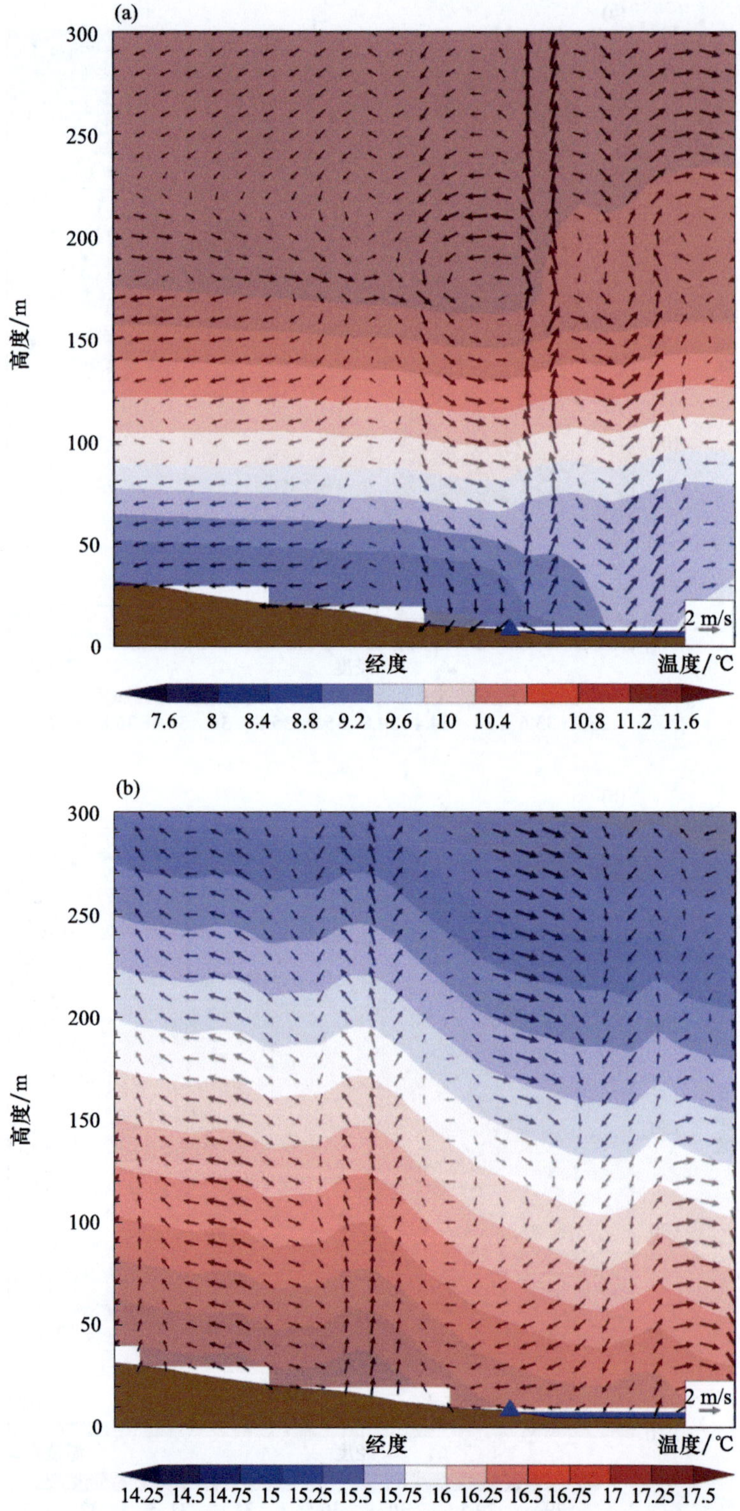

图 3.27　秋季个例 2015 年 11 月 2 日湖陆风风场环流剖面(a:夜间,b:白天)

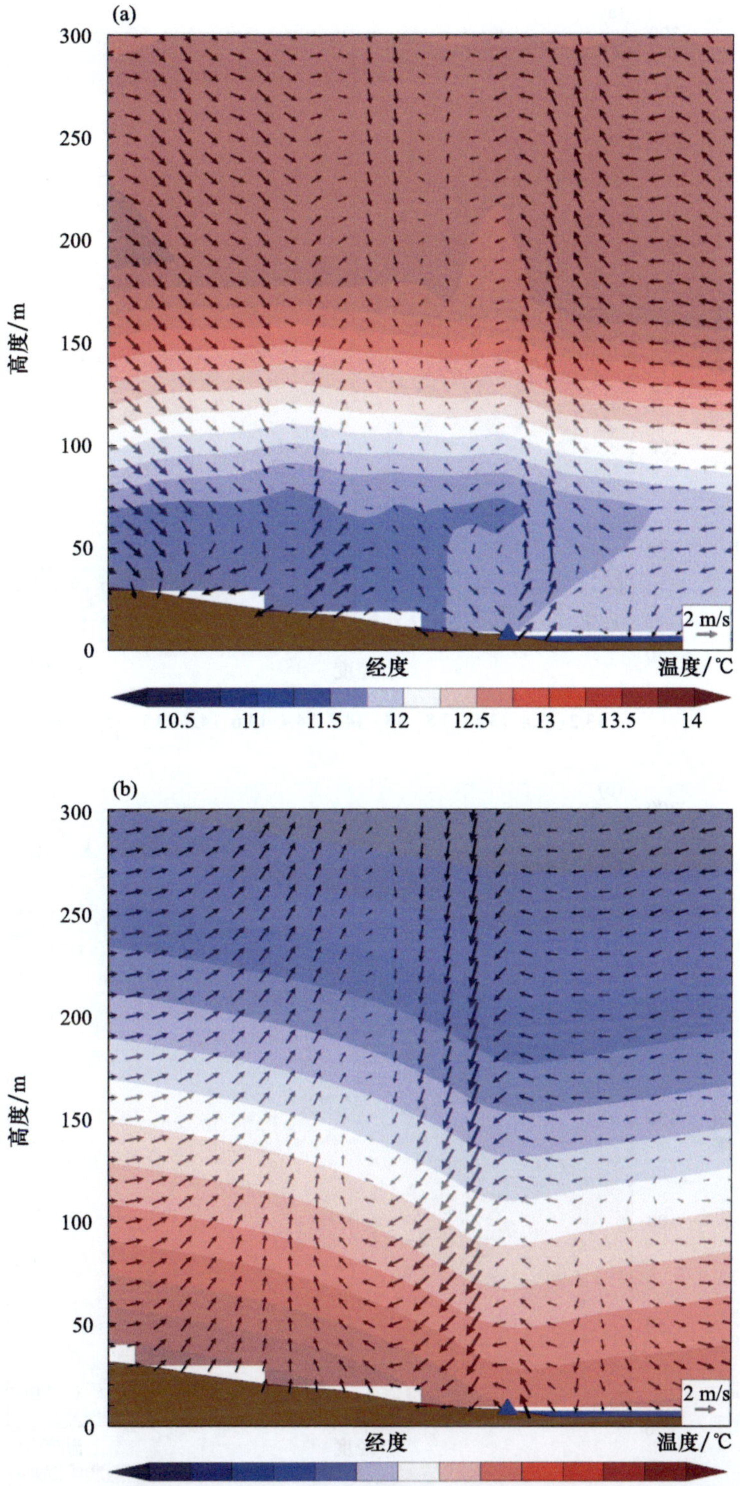

图 3.28 秋季个例 2015 年 11 月 3 日湖陆风风场环流剖面(a:夜间,b:白天)

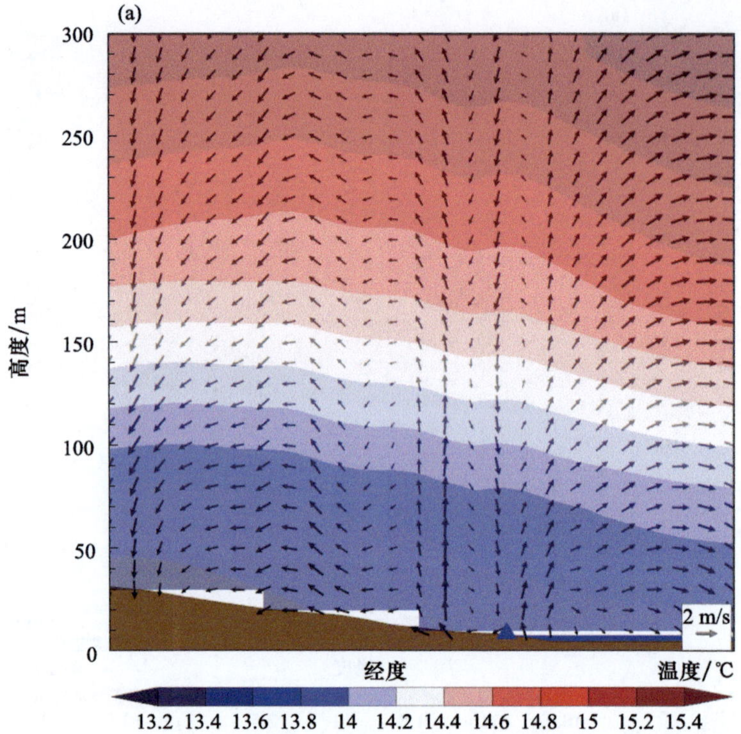

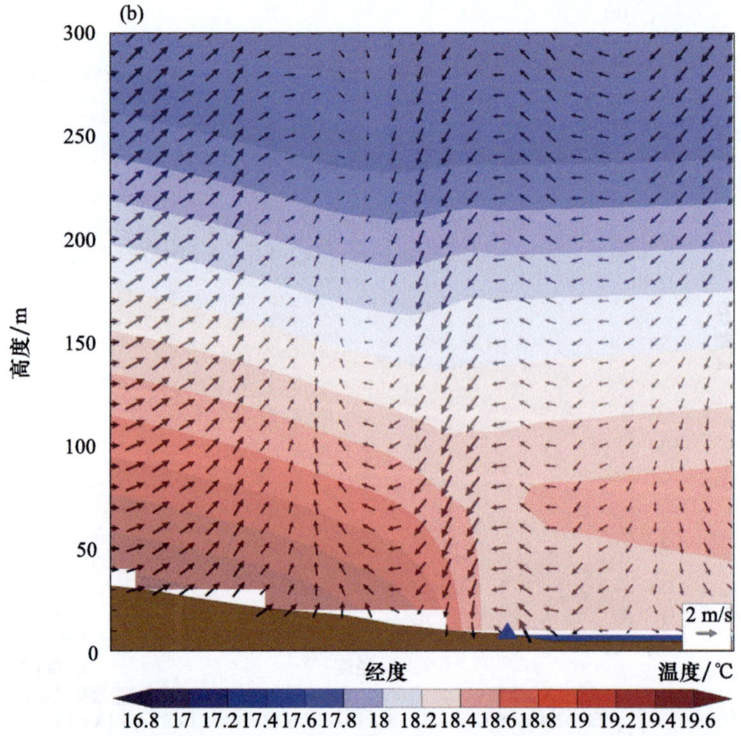

图 3.29 秋季个例 2015 年 11 月 4 日湖陆风风场环流剖面(a:夜间,b:白天)

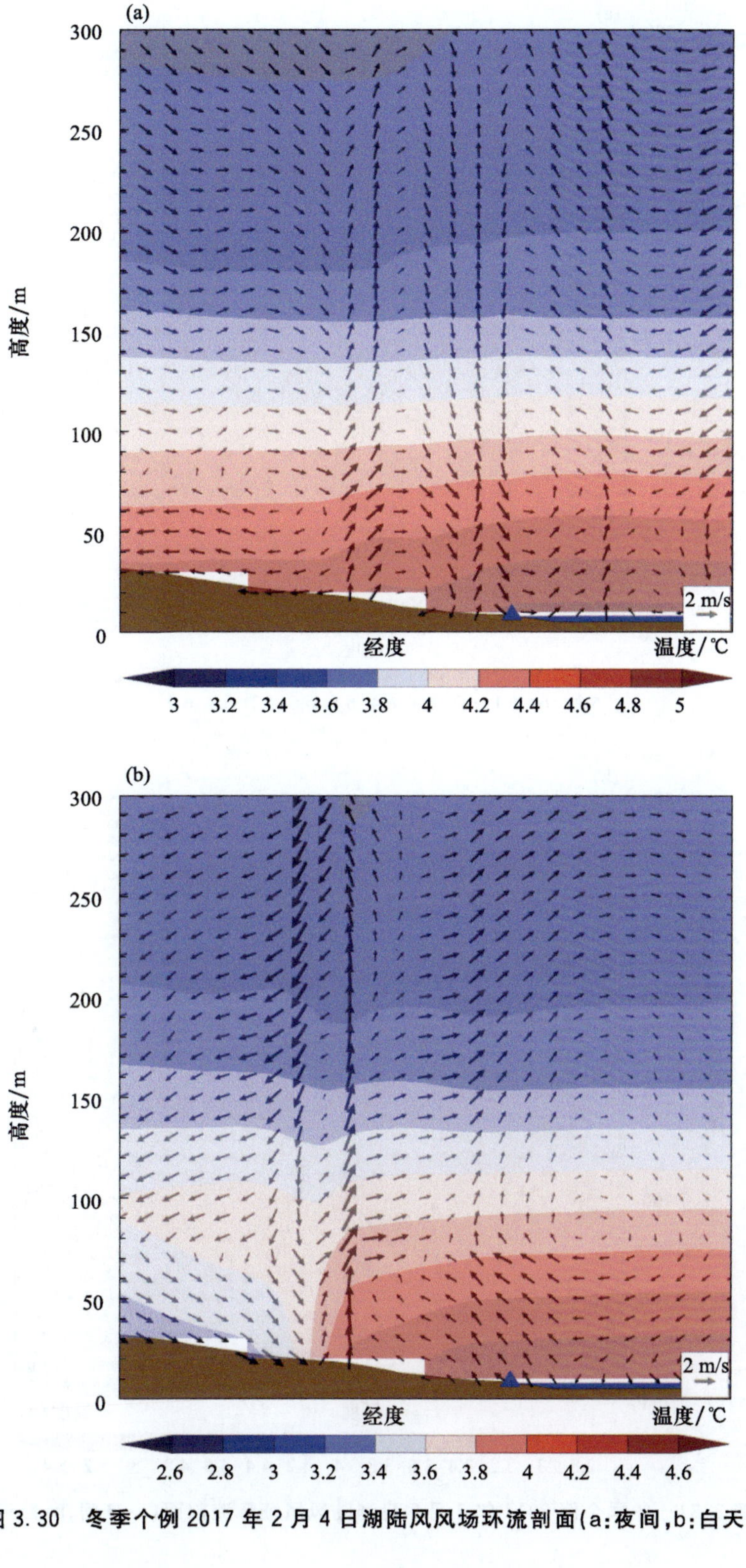

图 3.30 冬季个例 2017 年 2 月 4 日湖陆风风场环流剖面(a:夜间,b:白天)

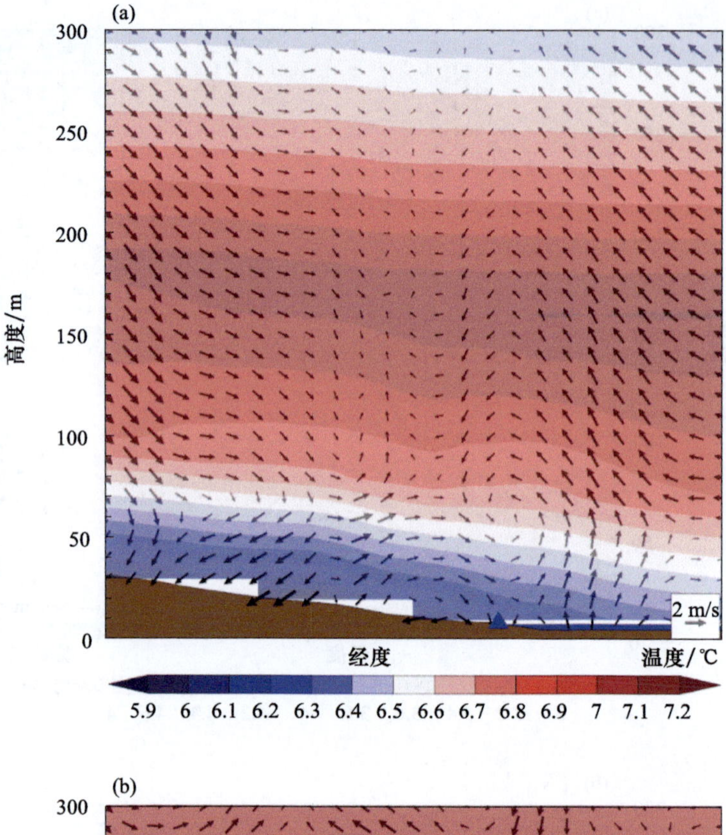

图 3.31　冬季个例 2017 年 2 月 5 日湖陆风风场环流剖面(a:夜间,b:白天)

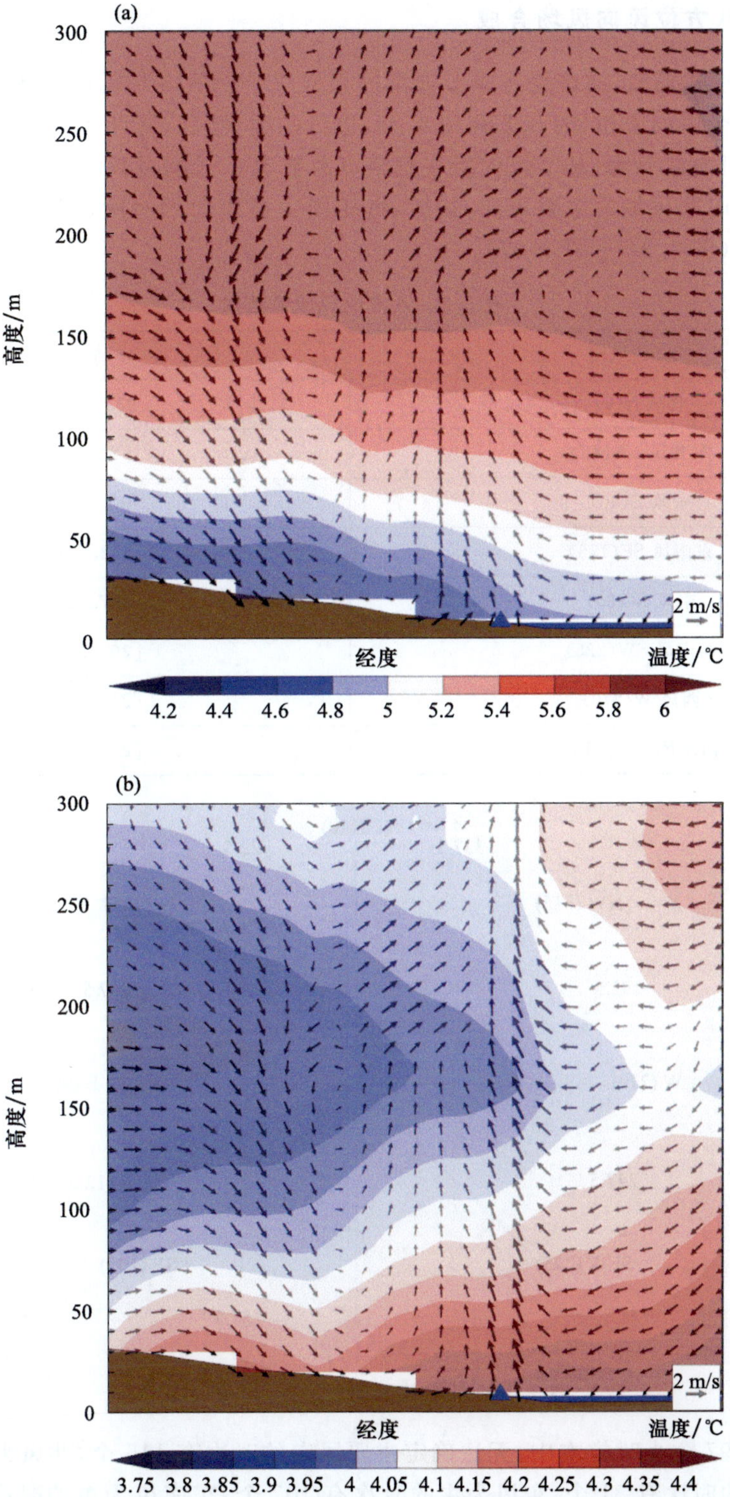

图 3.32 冬季个例 2017 年 2 月 6 日湖陆风风场环流剖面(a:夜间,b:白天)

3.2.2.6 八方位风向风场合成

通过 WRF 模式模拟，共获得各季节典型静稳天气个例 823 h 风场样本。首先，将各时次风场风向按照 8 个风向方位（表 3.2 和图 3.33）进行归类；然后，统计 8 个风向方位所在网格点的总数，将主要风向定义为：某个风向所在网格点总数等于或超过风场全域网格总数的 51%，则此风向为当前时次风场的主要风向；最后，将相同主要风向的时次进行合成，得到八方位风向的风场合成图（图 3.34 至图 3.37）。

表 3.2 八方位风向值范围　　单位：(°)

八方位风向	风向值范围
北风 N(0)	[337.5,22.5)
东北风 NE(45)	[22.5,67.5)
东风 E(90)	[67.5,112.5)
东南风 SE(135)	[112.5,157.5)
南风 S(180)	[157.5,202.5)
西南风 SW(225)	[202.5,247.5)
西风 W(270)	[247.5,292.5)
西北风 NW(315)	[292.5,337.5)

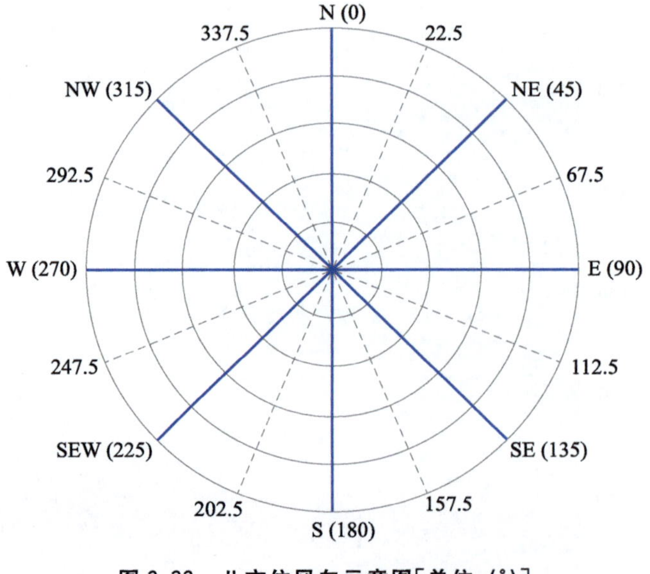

图 3.33 八方位风向示意图[单位：(°)]

根据定义，597 个小时样本中，无法确定主要风向的时次有 115 个，北风为主的时次有 242 个，东北风为主的时次有 31 个，东风为主的时次有 107 个，东南风为主的时次有 165 个，南风为主的时次有 92 个，西南风为主的时次有 12 个，西风为主的时次有 27 个，西北风为主的时次有 32 个（表 3.3）。

表 3.3 样本分布

风向/(°)	样本数/个
北风 N(0)	242
东北风 NE(45)	31
东风 E(90)	107
东南风 SE(135)	165
南风 S(180)	92
西南风 SW(225)	12
西风 W(270)	27
西北风 NW(315)	32
无法确定主导风向	115
合计	823

由图 3.34 至图 3.37 八方位主导风向风场合成图可发现如下特征：

(1)无论何种风向下，合肥市区受建筑物阻挡影响，风速分布均是低值区；

(2)无论何种风向下，市郊大蜀山、紫蓬山、北部丘陵带与南部巢湖水域风速分布均是大值区，为优质风源区；

(3)西北风与东南风风向时，市区西南部派河及沿紫蓬山一线风速大于周边，是很好的通风道；

(4)南风风向时，市区东部南淝河及店埠河沿线由于地形原因，具有“狭管效应”，风速较大，也是很好的通风道；在南风时，市区东部南淝河及店埠河沿线通风道还起到贯通北部丘陵带与南部巢湖水域两大优质风源区的重要作用。

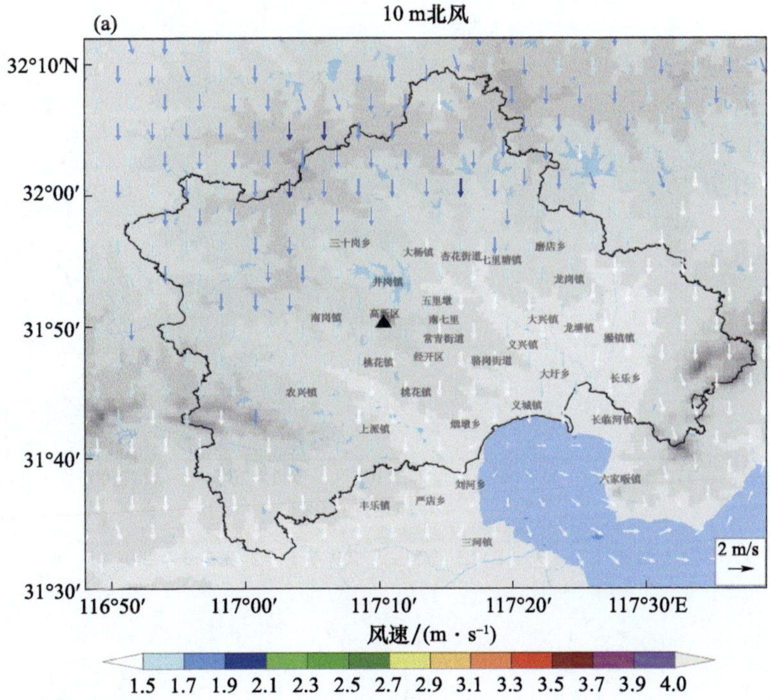

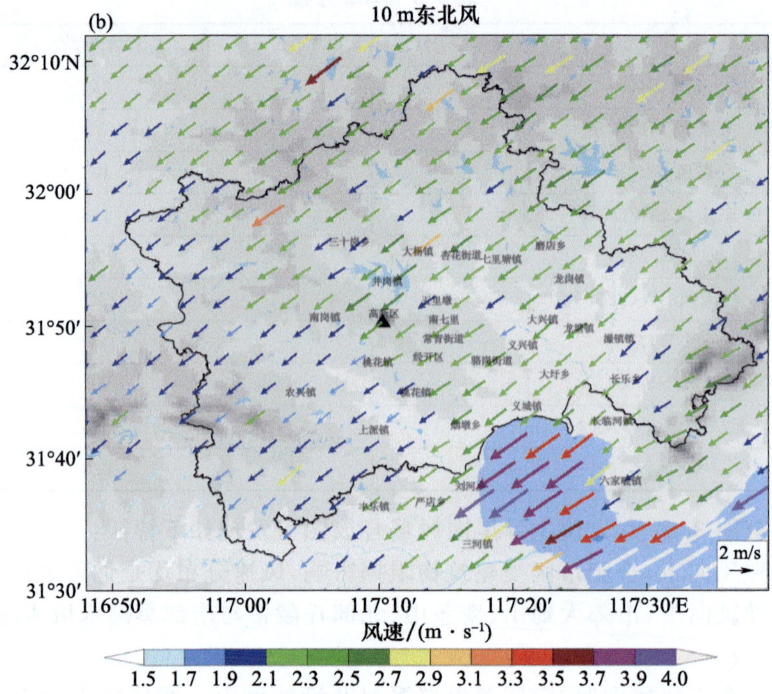

图 3. 34　北风(a)与东北风(b)主导风向风场合成图

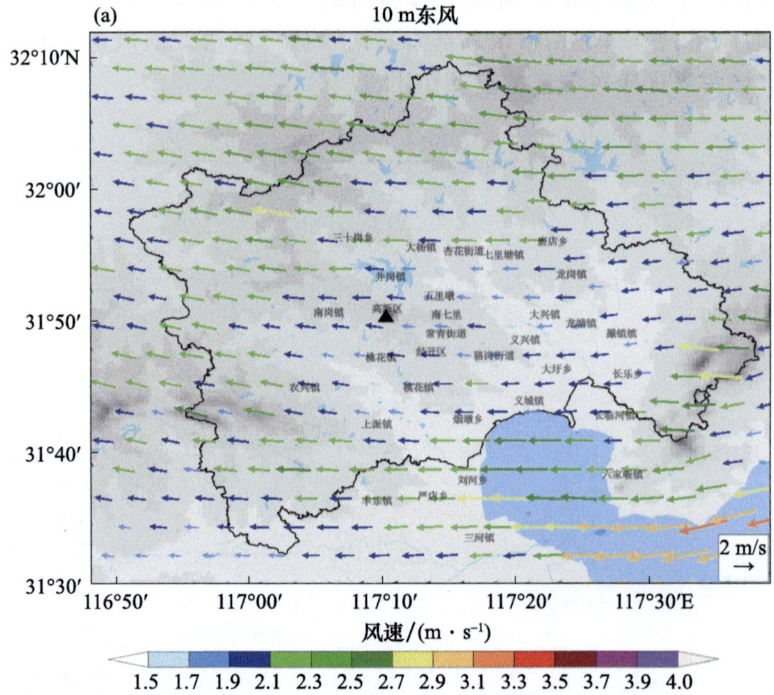

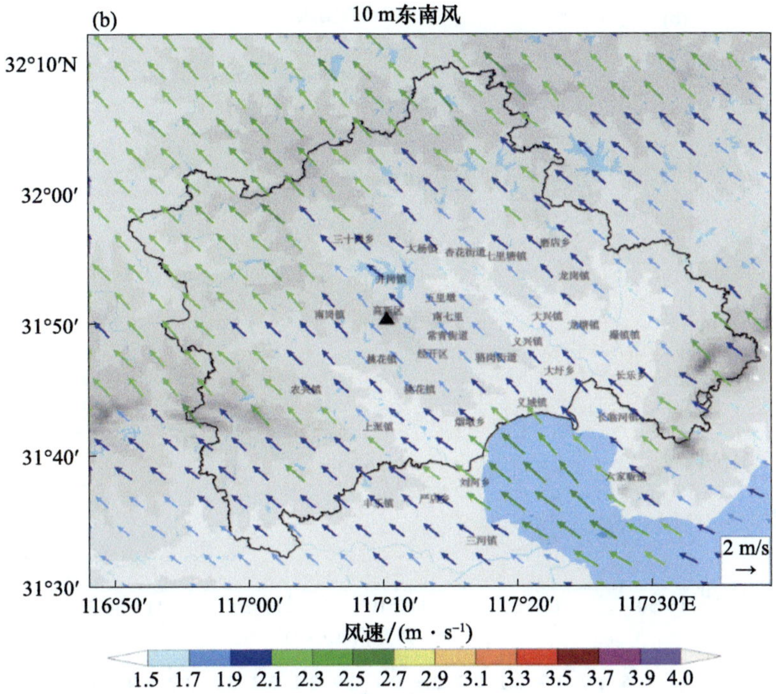

图 3.35 东风(a)与东南风(b)主导风向风场合成图

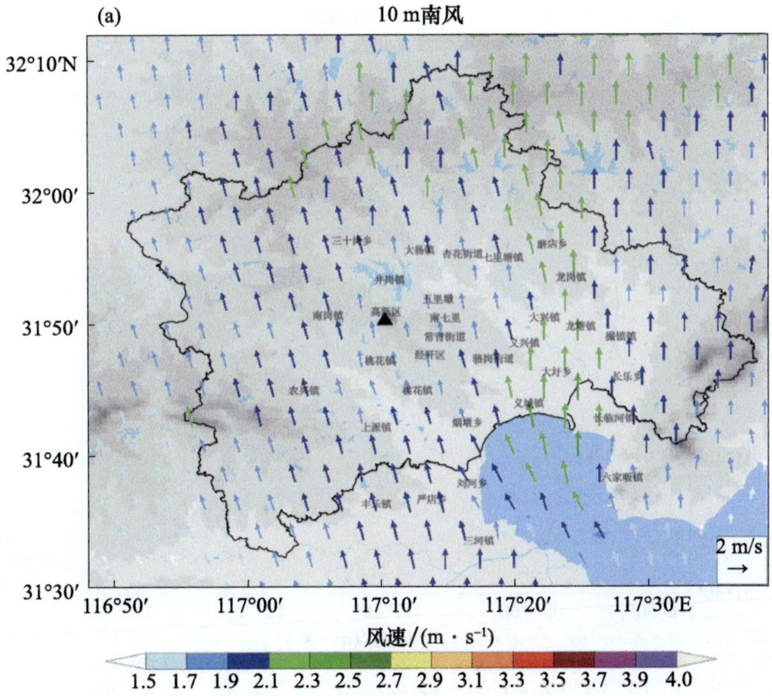

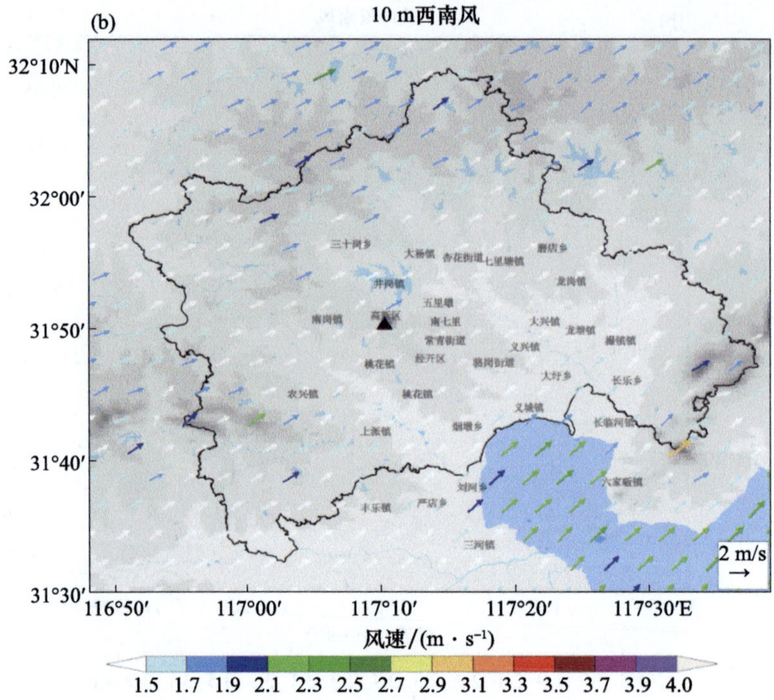

图 3.36　南风(a)与西南风(b)主导风向风场合成图

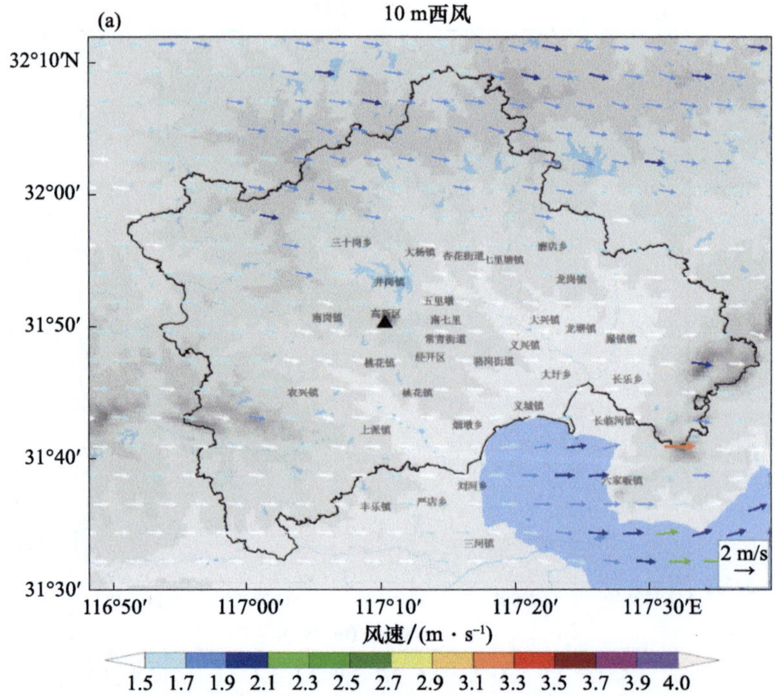

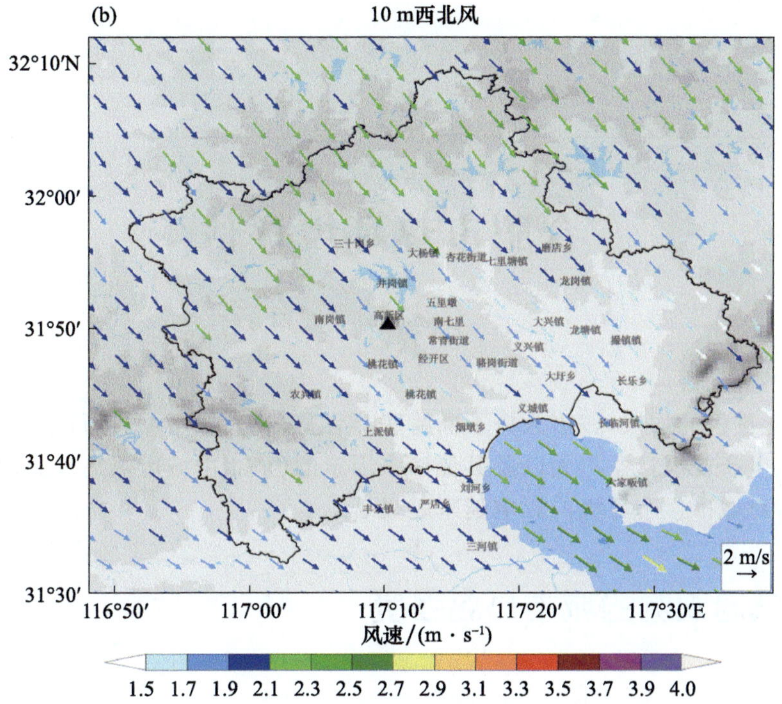

图 3.37 西风(a)与西北风(b)主导风向风场合成图

第4章

合肥市热环境评估

随着城市化进程的加快,城市人口不断膨胀、新型建筑大量增加、运行车辆急剧增多、工业经济持续发展、生产规模日益扩大以及其他诸多因素的影响,由城市热岛现象而导致的热环境问题不断凸现,对城市生态环境的影响越来越显著。

4.1 基于气温观测的城市热岛强度

4.1.1 计算方法

采用气象观测站的气温资料直接计算出热岛强度,其所表现的是城区和郊区两个点的实际气温差值(陈新光 等,2014)。计算步骤如下:

(1)首先选择主城区内的国家气象站合肥站作为城市站,长丰、肥东及肥西三个位于郊区的国家气象站作为郊区站;

(2)求郊区站平均气温作为郊区温度;

(3)求城市站与郊区站的气温差,作为城市热岛强度。

4.1.2 结果分析

首先将气象观测站划分为城市站(合肥)和郊区站(长丰、肥西、肥东)两类,然后通过利用1970年以来的气温观测资料,进行城市站和郊区站近50年来的分析与对比。

1971—2018年,合肥市平均气温为16.2 ℃,高于郊区0.4 ℃,热岛效应明显。20世纪90年代以后,合肥市热岛效应更为显著(图4.1),这与1990年后城市化进程加快相符,快速城市化使得合肥市气温显著升高,热岛效应更明显。2010年以来热岛强度有所降低可能与城市扩张导致的非城区站观测环境变化有关。

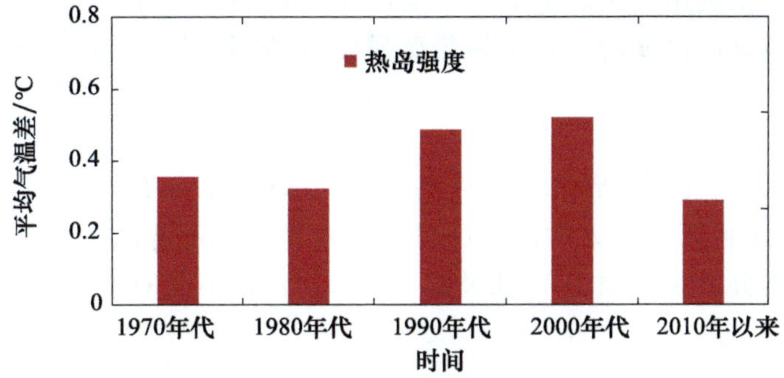

图 4.1 各年代合肥市热岛强度变化

4.2 基于遥感反演的城市地表温度

4.2.1 计算方法

由于研究区域气温观测资料的气象站数量往往有限，为得到热岛的精细化空间分布，利用卫星遥感手段，结合下垫面用地类型情况，对地表温度进行反演，进而计算热岛强度。地表温度可通过 Landsat 8/TIRS 卫星数据，通过大气校正法反演得到。基本原理(图 4.2)：首先估计大气对地表热辐射的影响，然后从卫星观测到的热辐射总量中减去这部分影响得到地表热辐射强度，最后将这一热辐射强度转化可得相应的地表温度。

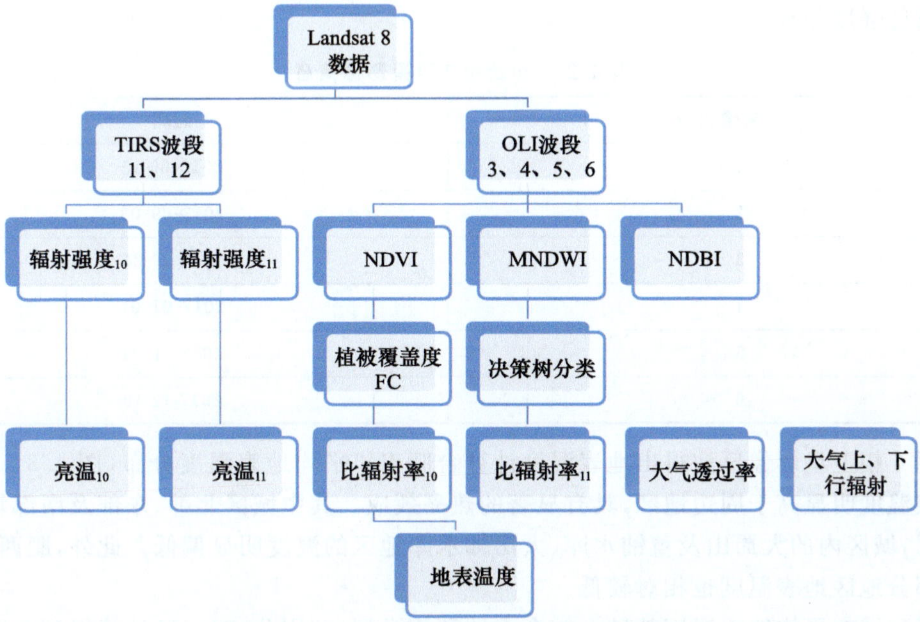

图 4.2 大气校正算法的地表温度反演流程

热岛强度的估算则利用远离城市的农田地区平均地表温度作为郊区温度，将研究区内其他地区的地表温度与郊区温度的差定义为热岛强度(杜吴鹏 等，2018)。具体计算如下：

$$I_i = T_i - \frac{1}{N}\sum_{j=1}^{N} T_{\text{crop}_j} \tag{4.1}$$

其中 I_i 为图像上第 i 个像元所对应的热岛强度(单位：℃)，T_i 为第 i 个像元的温度(单位：℃)，T_{crop_j} 为农田地区某一像元的温度(单位：℃)，N 为农田地区所有像元的总个数。

热岛强度等级划分可参考表 4.1(杜吴鹏 等，2018)，按不同时间尺度(日、月和季)等级数为 7 级。

表 4.1　热岛强度等级划分

等级	热岛强度(日)/℃	热岛强度(月、季)/℃	等级定义
1	≤−7.0	≤−5.0	强冷岛
2	−7.0～−5.0	−5.0～−3.0	较强冷岛
3	−5.0～−3.0	−3.0～−1.0	弱冷岛
4	−3.0～3.0	−1.0～1.0	无热岛
5	3.0～5.0	1.0～3.0	弱热岛
6	5.0～7.0	3.0～5.0	较强热岛
7	>7.0	>5.0	强热岛

4.2.2　结果分析

本书选取 6 张代表不同季节 Landsat 8/TIRS 遥感影像(表 4.2)，反演得到合肥遥感影像和城市热岛强度分布。

表 4.2　Landsat 8 卫星影像信息

卫星影像编号	时间
1	2013-06-15
2	2013-09-03
3	2014-10-24
4	2017-01-01
5	2017-11-01
6	2017-12-19

利用 6 幅卫星影像反演得出地表温度计算合肥市年平均地表温度分布(图 4.3)。合肥市市域地表温度明显高于周边地区，具有显著的热岛效应。其中城区北部、东部及南部均存在温度高值区，城区内的大蜀山及董铺水库、大房郢水库地区的温度明显偏低。此外，肥西、长丰等郊县的部分地区地表温度也相对较低。

在得到城市平均地表温度基础上结合土地利用类型，利用公式(4.1)计算得到合肥市主城区城市热岛强度分布(图 4.4)，说明合肥市城市热岛特征。

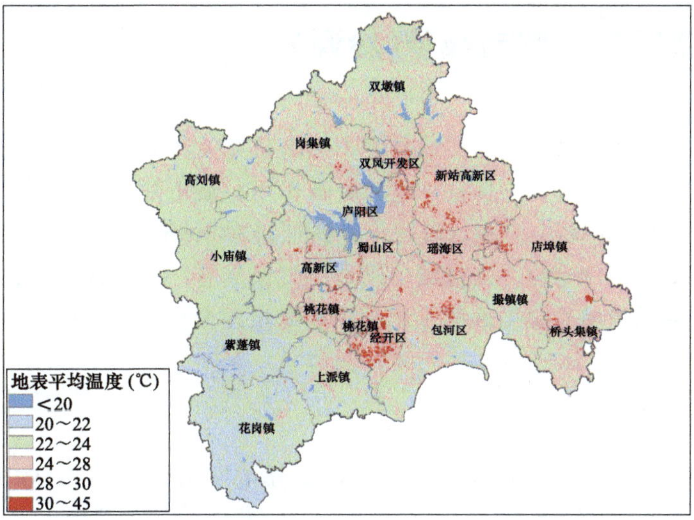

图 4.3 合肥市主城区 6 个样本的平均地表温度分布图

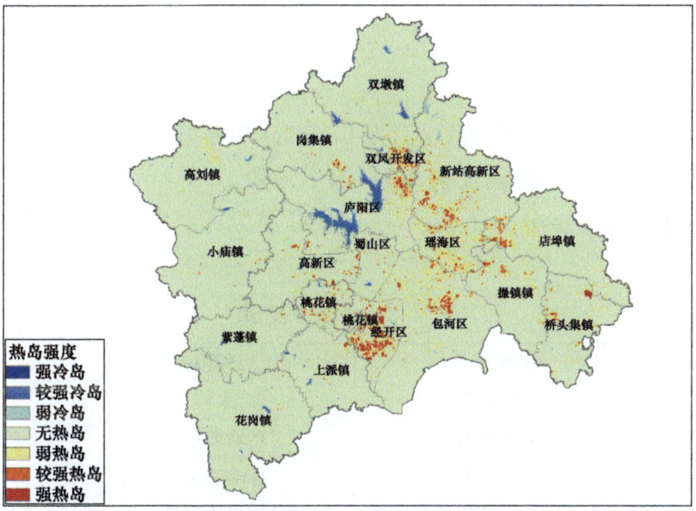

图 4.4 合肥市主城区热岛强度分布图

合肥市主城区大部均出现不同程度的城市热岛效应。在容积率较高、地表绿化率较低的区域，出现热岛现象。合肥主城区较强城市热岛分布较集中，共有 5 处较强热岛区域，面积共计 88 km^2，城市热岛集中在合肥经开区、包河工业园、双凤工业园等区域，这与城市规模和工业企业布局有关。

总之，结合合肥市区遥感影像和热岛强度分布图可以直观地展示出，城市面积的扩张，人类活动的增强，导致当前合肥市城市热岛面积较大，热岛中心不仅仅只集中在市中心，而是呈现出多个点状的较强城市热岛中心。城市热岛强度与建成区面积和建设开发强度密切相关，即随着城市的发展，城市面积不断扩张，建设开发强度不断加大，林地、水体、绿地等相应的减少，未来可能导致城市热岛继续增强。

4.3 基于遥感反演的城市绿源(冷源)

地表温度和绿地植被及水体间的关系是城市热岛研究关注的一个重要内容。大量的研究结果表明绿地和水体对城市热岛效应具有一定的缓解作用。城市陆地表面温度具有水体<林地<农田<草地<裸地<城镇的规律,且相比较硬化下垫面,水体、林地、农田等植被地区少人为排放,是相对清洁空气源地,即绿源(冷源)。其对城市局地小气候具有一定的改善效果,可以起到降温、增湿、降尘作用。本书采用卫星遥感提取的土地利用和绿量两个指标共同确定绿源(冷源)等级。

4.3.1 计算方法

利用 Landsat 8 卫星影像反演得到的归一化差分植被指数(NDVI)数据可估算城市地区的绿量 S:

$$S=\frac{1}{\left(\frac{1}{30000}+0.0002\times 0.03^{V}\right)}$$

$$V=\frac{\rho_{\mathrm{NIR}}-\rho_{\mathrm{Red}}}{\rho_{\mathrm{NIR}}+\rho_{\mathrm{Red}}} \tag{4.2}$$

式中:S 为绿量,单位为 m^2;V 为 NDVI;ρ_{Red}为 Landsat 8 数据的红光波段反射率,即第 4 波段;ρ_{NIR}为 Landsat 8 数据的近红外波段反射率,即第 5 波段。

计算完成后结合土地类型分类图使用表 4.3(杜吴鹏 等,2018)对绿量进行分类即得绿源分布。

表 4.3 绿源分类表

绿源等级	绿源含义	土地利用类型	绿量 S/m^2
1 级	强绿源	水体	$S\geqslant 3600$
2 级	较强绿源	林地或绿地	$S\geqslant 20000$
3 级	一般绿源	林地或绿地	$16000\leqslant S<20000$
4 级	弱绿源	林地或绿地	$12000\leqslant S<16000$
		农田	$S>12000$

4.3.2 结果分析

利用上述原理得到合肥主城区绿源(冷源)等级分布(图 4.5)。从占比来看,强生态冷源占比 4%,较强生态冷源占比 7%,一般生态冷源占比 74%,非冷源约占 15%。

合肥市主城区范围内强绿源主要分布在如下地区(图 4.6)。

城市河湖:王咀湖、柏堰湖、翡翠湖、南艳湖、塘西河、十五里河、天鹅湖、南淝河中游、板桥河、少荃湖、鹤翔湖和双龙湖;

水库:董铺水库、大房郢水库和枯草塘水库;

湿地:滨湖国家湿地公园;

图 4.5 合肥主城区绿源(冷源)等级分布图

自然河湖:南淝河上游、南淝河下游和圩西河;

灌区:小蜀山支渠。

图 4.6 合肥主城区强绿源示意图

4.4 城市化进程中城市热岛的演变

4.4.1 城市化进程

合肥的城市化发展进程自 1990 年代起大概可以划分为 3 个发展阶段：

(1)1990 年代至 2000 年，城市化发展经历一个缓慢发展的阶段，城市化扩张速率较为缓慢；

(2)2000 年至 2010 年，城市化发展进入迅猛发展时期，城市化扩张速度最快；

(3)2010 年至今，在政府宏观政策引导及用地“红线”政策控制下，城市化发展进入有序、较稳定的发展阶段。

本书利用欧空局气候变化研究所(European space agency climate change initiative，简称 ESACCI)发布的全球土地利用数据更新 WRF 模式自带下垫面土地利用数据进行敏感性试验，来研究城市化发展进程对于地表气温的影响。“欧空局”土地利用数据最早年份为 1992 年，最近年份为 2015 年。

研究选取 1992 年、1995 年、2000 年、2005 年、2010 年、2015 年(图 4.7 至图 4.12)基本为 5 年间隔的土地利用数据来分析城市化各阶段的增温效应。另外，还设计了一组土地利用方案(图 4.13)。该假设的土地利用方案基于 1992 年的土地利用数据，将城市土地利用类型替换为草地类型，模拟“无城市化”状态，作为后续敏感试验的“基态”。

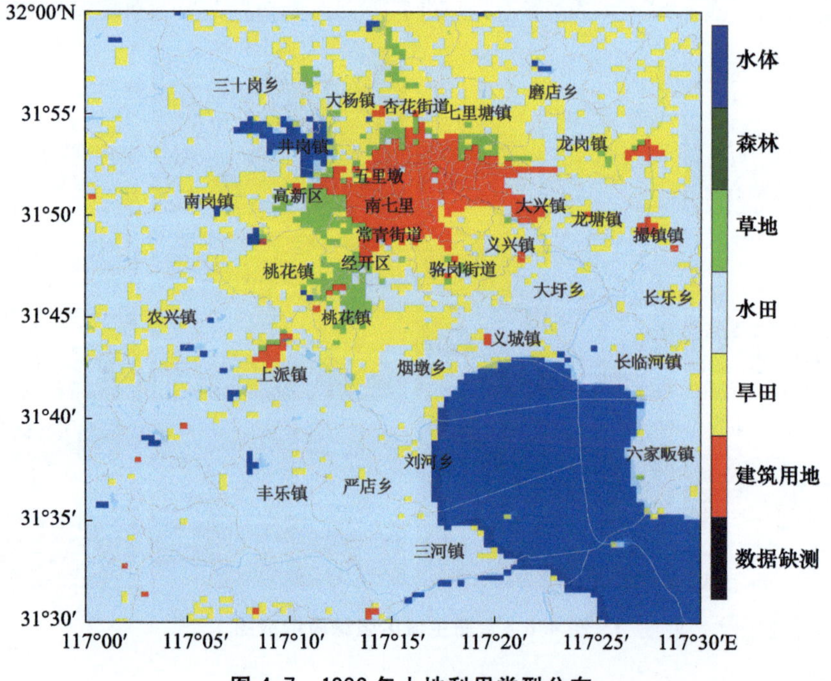

图 4.7 1992 年土地利用类型分布

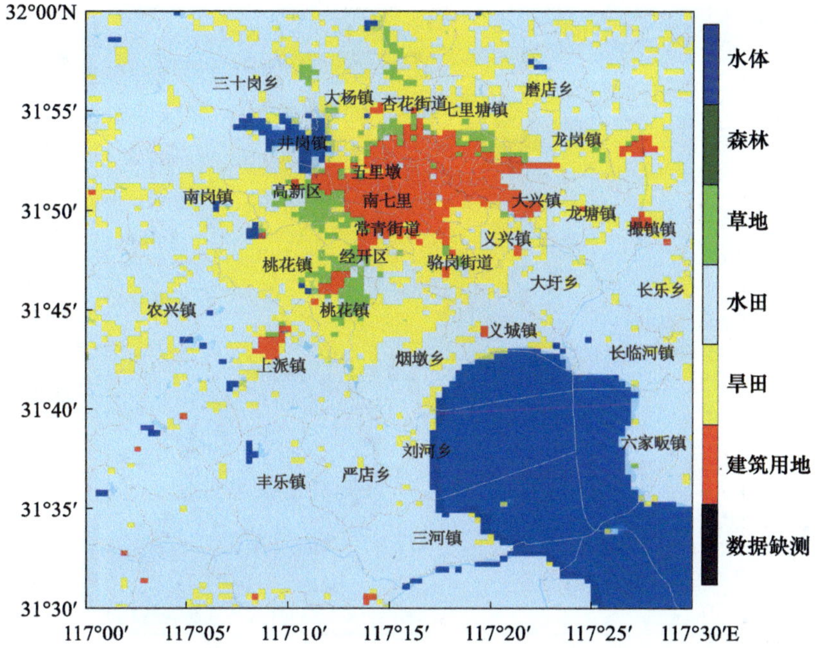

图 4.8　1995 年土地利用类型分布

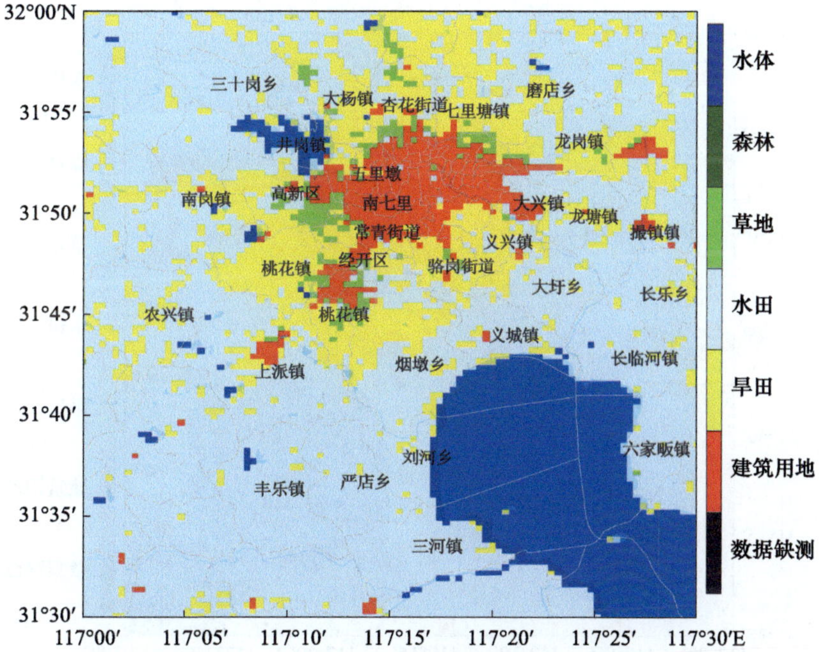

图 4.9　2000 年土地利用类型分布

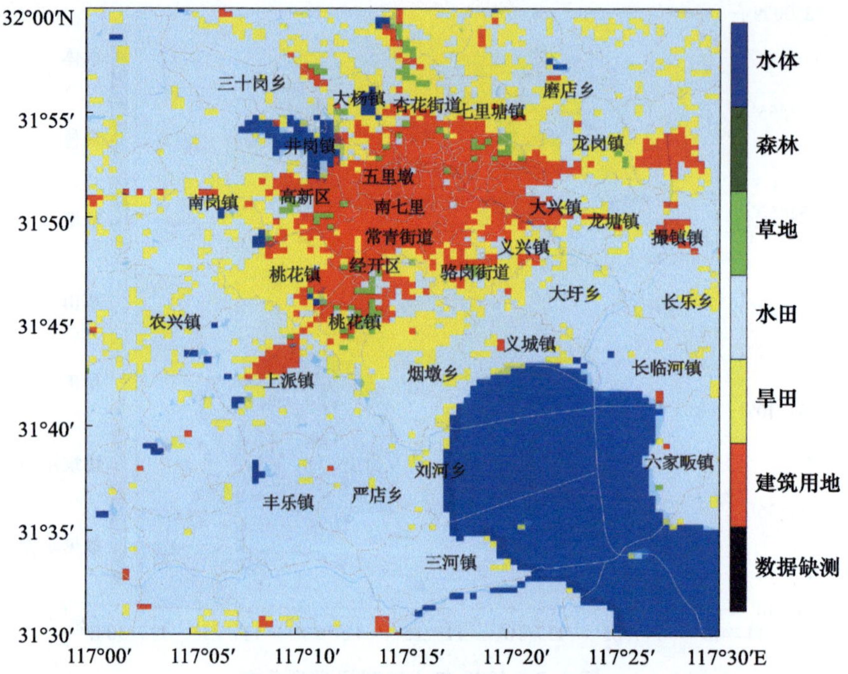

图 4.10　2005 年土地利用类型分布

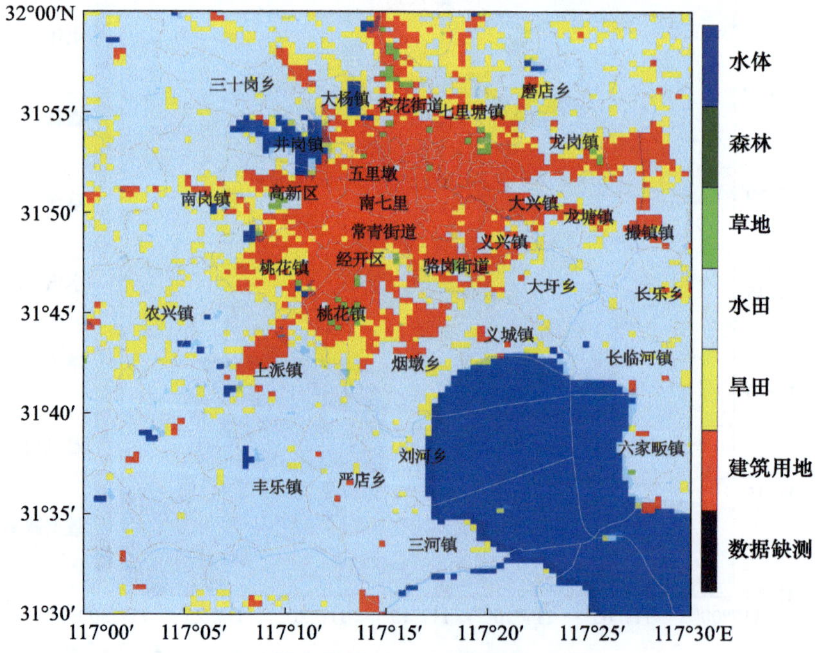

图 4.11　2010 年土地利用类型分布

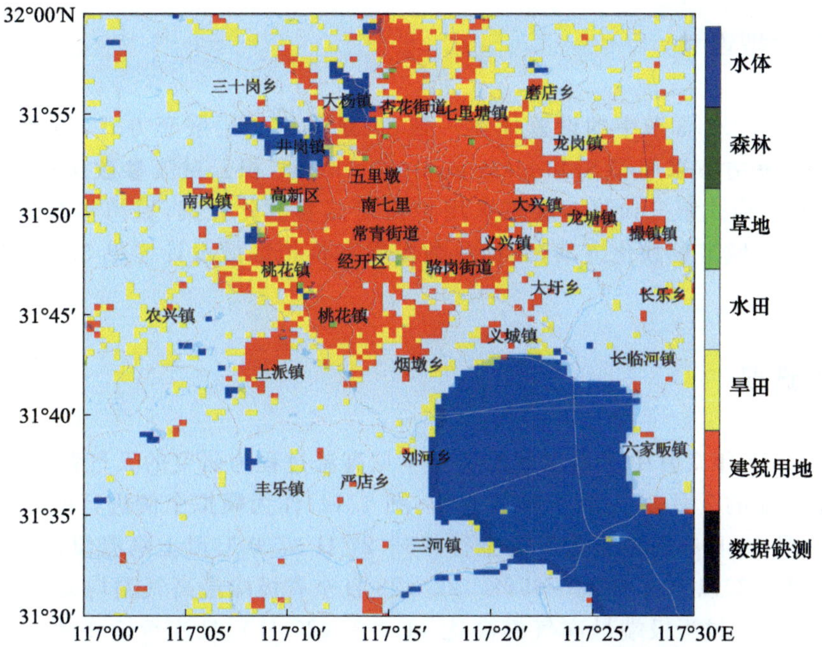

图 4.12　2015 年土地利用类型分布

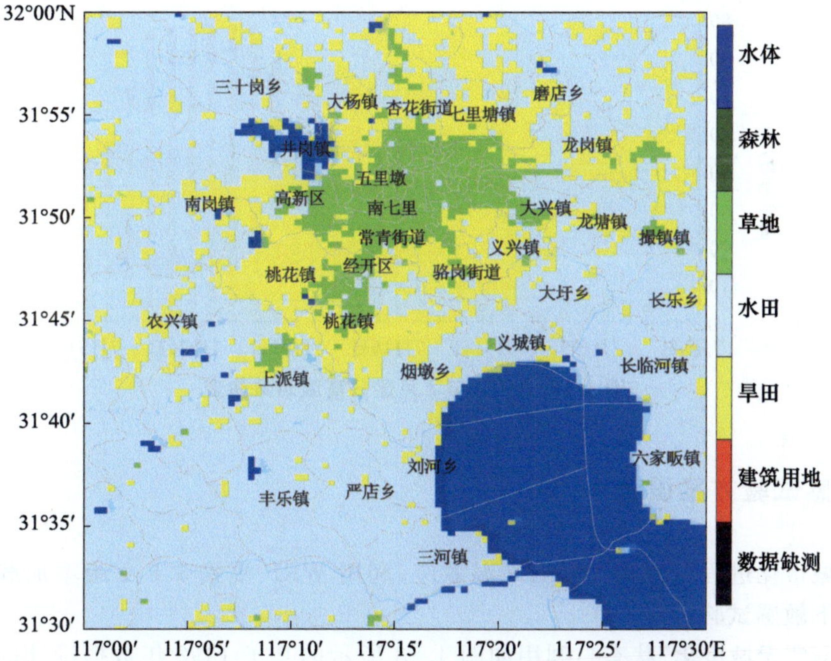

图 4.13　基于 1992 年数据设计的“无城市化”土地利用方案

4.4.2 数值模型设计

模拟设计与 3.2.2.3 节中的设置描述一致，也是采用 4 层嵌套方式，最内层网格间距为 500 m，微物理过程方案采用 WSM6-class graupel scheme，积云对流参数化采用浅对流 Kain-Fritsch 方案，其中模式第三和第四层不采用积云对流参数化方案，城市参数化模型选用 Urban canopy model 城市参数化方案，其他参数配置和模拟区域设计详见 3.2.2.3 节中的模型设置介绍。

4.4.3 个例选取

以安徽省 2017 年 7 月中下旬出现的历史罕见高温过程为研究的天气背景，选取此次高温过程时段中最极端的 7 月 21—28 日高温过程(图 4.14)作为模拟个例进行研究。

2017 年 7 月 22 日起高温覆盖安徽全省，23—27 日 37.0 ℃以上高温覆盖范围占全省面积均超过 95%，39.0 ℃以上占 40%～65%。22—28 日全省极端最高气温均突破 40.0 ℃。就合肥市来讲，22—28 日过程极端最高气温高达 41.1 ℃(27 日)，且连续 5 d 超过 40.0 ℃，超过 40.0 ℃日数突破本站历史极值。

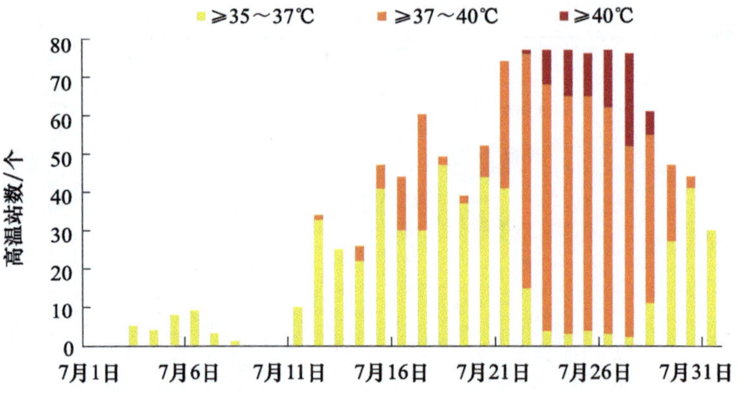

图 4.14 2017 年 7 月逐日高温站数演变

4.4.4 敏感试验方案设计

为研究城市化进程对地表气温的增温效应，利用 WRF 模式 3.8.1 版本加载城市冠层模型来完成以下敏感试验：

(1)Grass(“无城市化”状态)：利用如图 4.13 所示的基于 1992 年数据设计的“无城市化”土地利用方案进行 WRF 个例模拟；

(2)Urban1992：利用欧空局气候变化研究所发布的 1992 年土地利用数据进行 WRF 个例模拟；

(3)Urban1995：利用欧空局气候变化研究所发布的 1995 年土地利用数据进行 WRF 个例模拟；

(4)Urban2000:利用欧空局气候变化研究所发布的 2000 年土地利用数据进行 WRF 个例模拟;

(5)Urban2005:利用欧空局气候变化研究所发布的 2005 年土地利用数据进行 WRF 个例模拟;

(6)Urban2010:利用欧空局气候变化研究所发布的 2010 年土地利用数据进行 WRF 个例模拟;

(7)Urban2015:利用欧空局气候变化研究所发布的 2015 年土地利用数据进行 WRF 个例模拟;

各敏感试验的模型设计及模式参数设定均保持一致,只相应地替换下垫面土地利用数据资料。

最后,分别计算 Urban1992、Urban1995、Urban2000、Urban2005、Urban2010、Urban2015 与 Grass 试验的差异来代表城市发展的不同阶段城市扩张造成的增温效应。

4.4.5 结果分析

(1)分析图 4.15 至图 4.17 可以发现:

① 市区平均气温、最高气温、最低气温三者增温幅度中,最低气温增温效应最明显,较假定基态,对于周时间尺度的过程,各阶段增温幅度均在 2 ℃以上,且随着城市扩张,呈逐年递增趋势;其次是平均气温,多数阶段增温幅度也在 1℃以上。

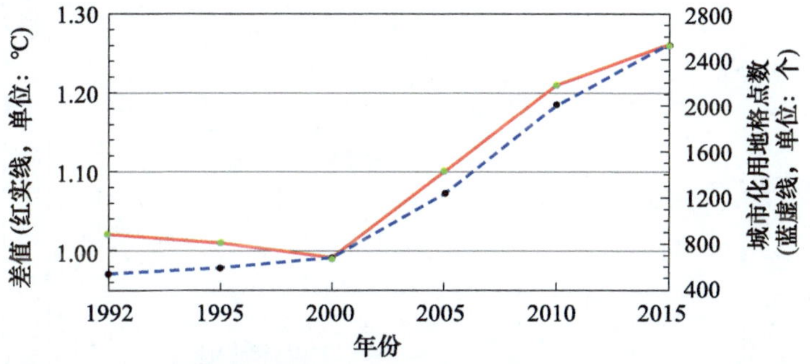

图 4.15 城市发展各阶段对市区平均气温的增温效应变化特征曲线

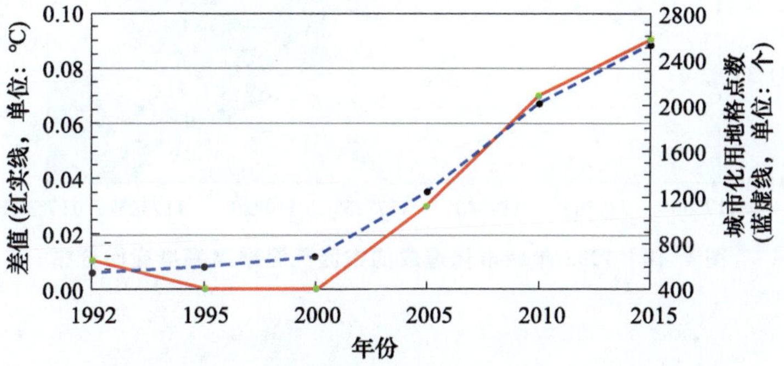

图 4.16 城市发展各阶段对市区最高气温的增温效应变化特征曲线

② 市区平均气温、最高气温、最低气温的增温幅度与城市化扩张进程有非常好的对应关系，存在明显的正相关。进入 21 世纪以来，第一个 10 年由于城市化扩张迅猛，导致这一时期的增温效应也最明显。近 10 年来，由于政府宏观政策引导及调控，城市化发展进入相对“理性”的发展阶段，趋势较平稳，相应的所造成的增温效应也趋缓。

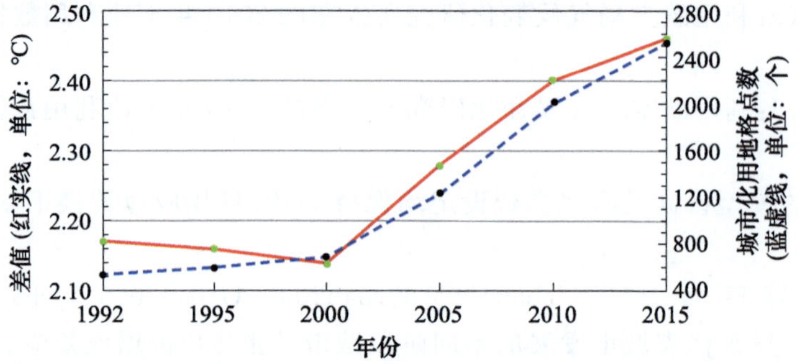

图 4.17　城市发展各阶段对市区最低气温的增温效应变化特征曲线

(2)综合分析图 4.18 至图 4.35 可看出：随着城市范围不断扩张，城市化增温效应最为明显。在城市化发展过程中，主城区通风道可能受周边新增建筑堵塞，并且随着人口规模的迅速增长，人为热排放量递增，主城区在被加热的同时，通风道又遭堵塞，这些可能直接加剧了主城区的增温幅度。

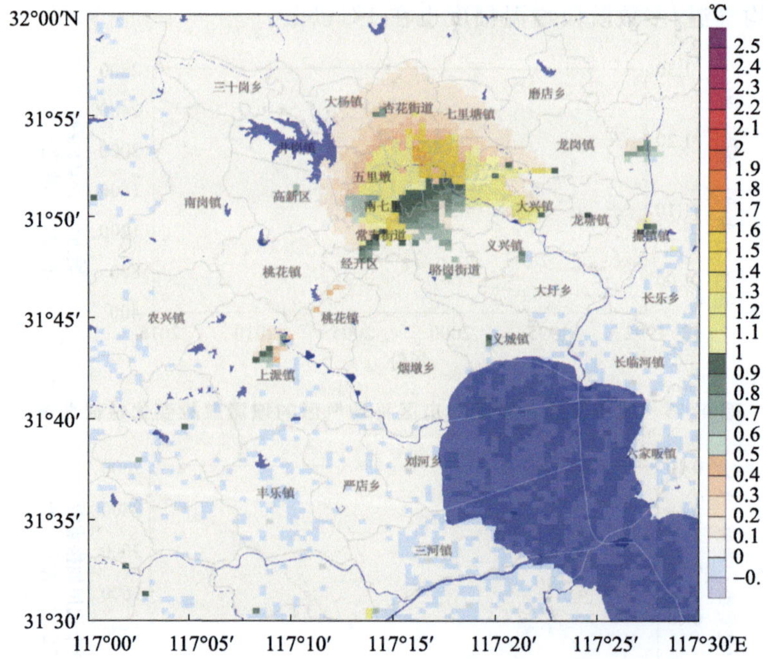

图 4.18　1992 年城市化造成的市区气温增温幅度空间分布

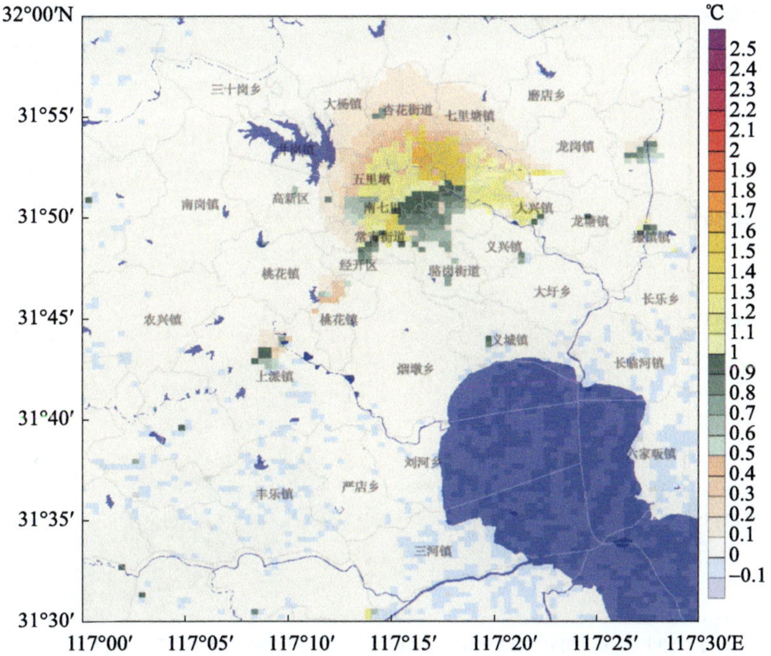

图 4.19　1995 年城市化造成的市区气温增温幅度空间分布

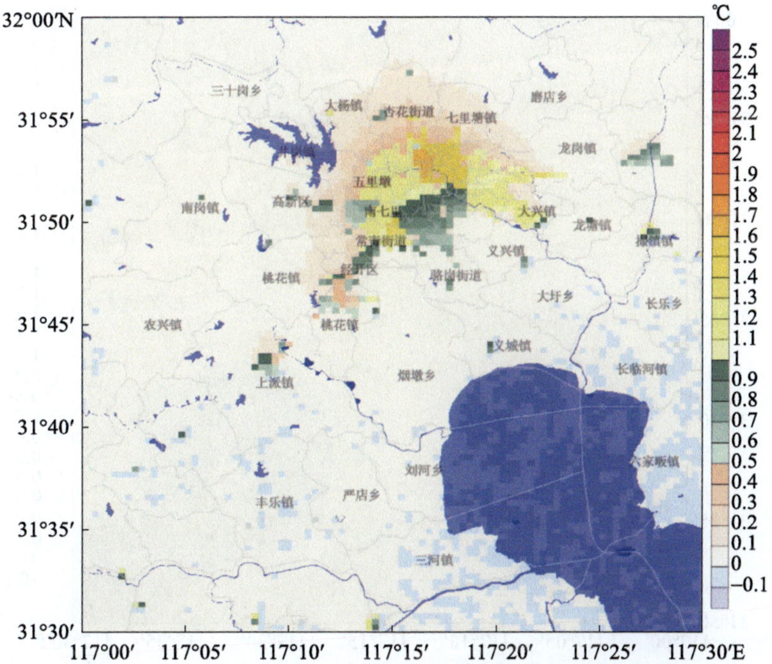

图 4.20　2000 年城市化造成的市区气温增温幅度空间分布

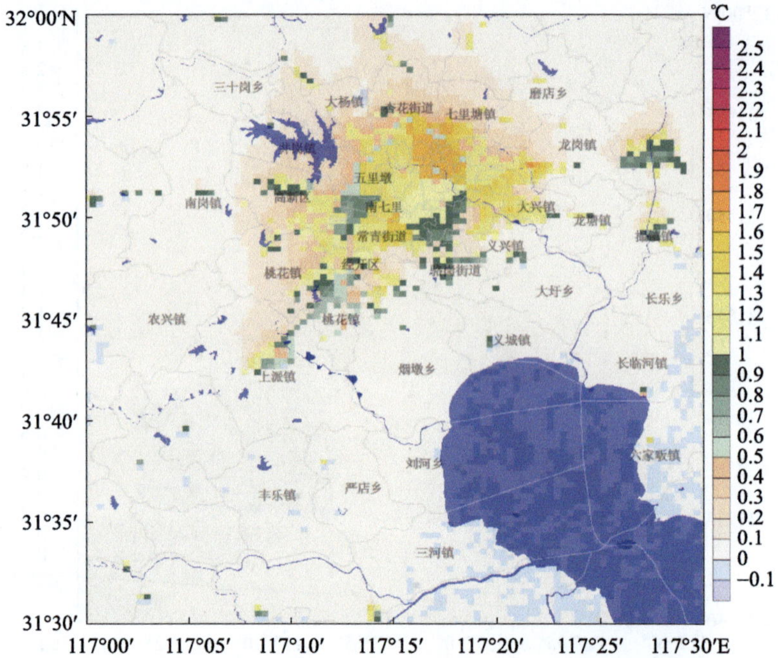

图 4.21　2005 年城市化造成的市区气温增温幅度空间分布

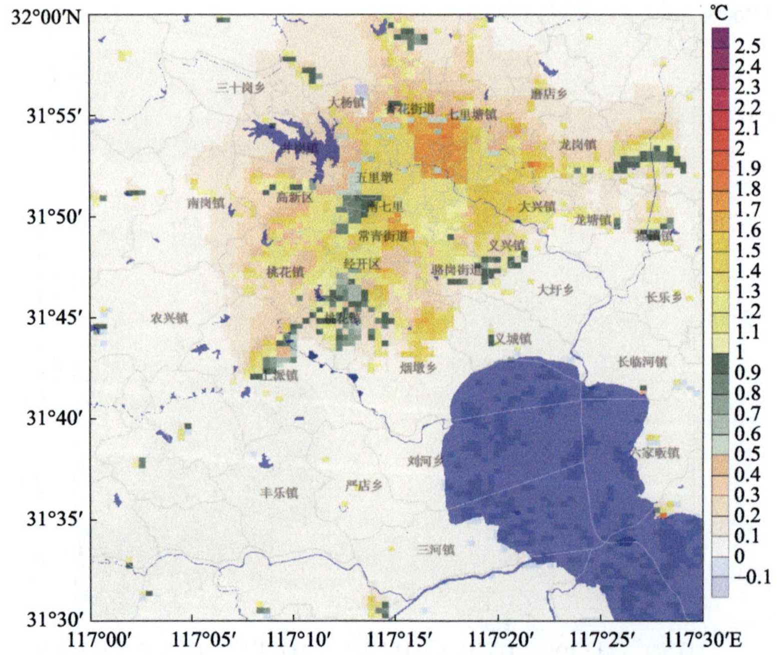

图 4.22　2010 年城市化造成的市区气温增温幅度空间分布

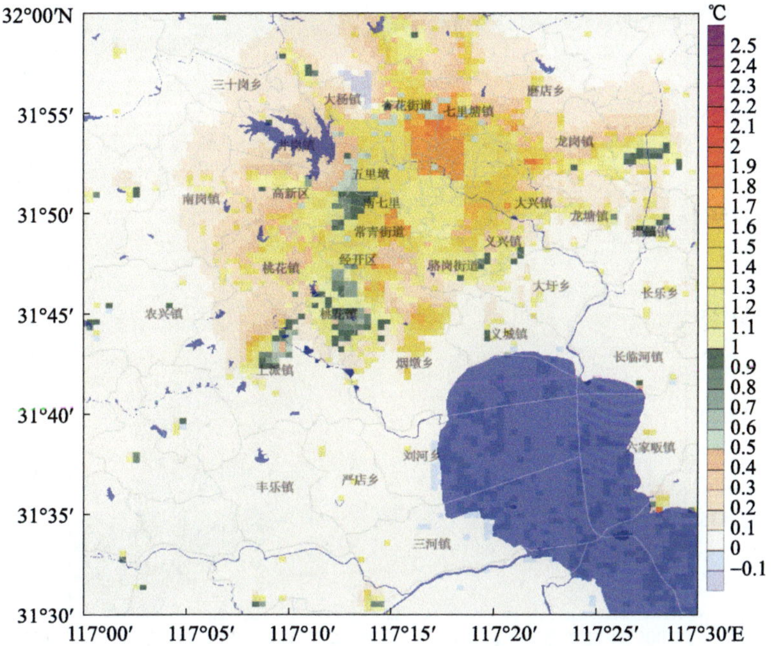

图 4.23 2015 年城市化造成的市区气温增温幅度空间分布

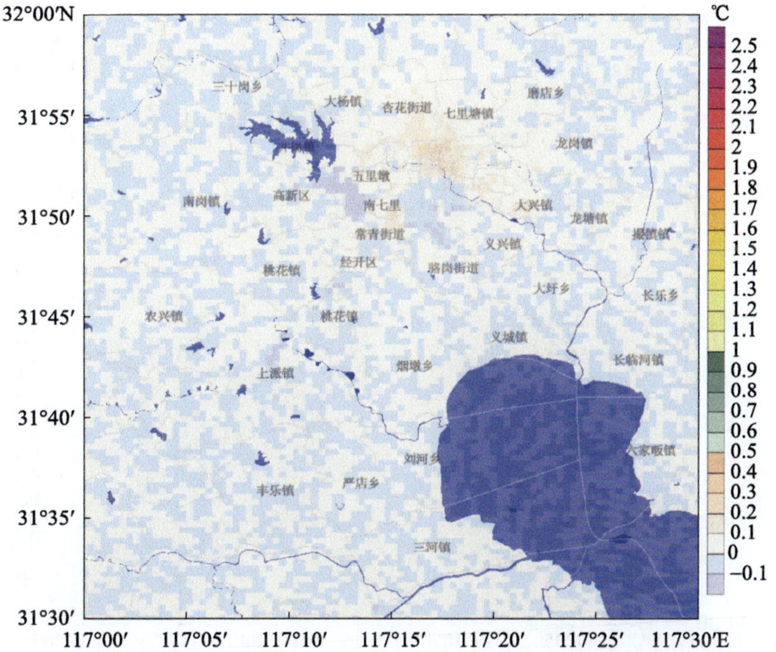

图 4.24 1992 年城市化造成的市区最高气温增温幅度空间分布

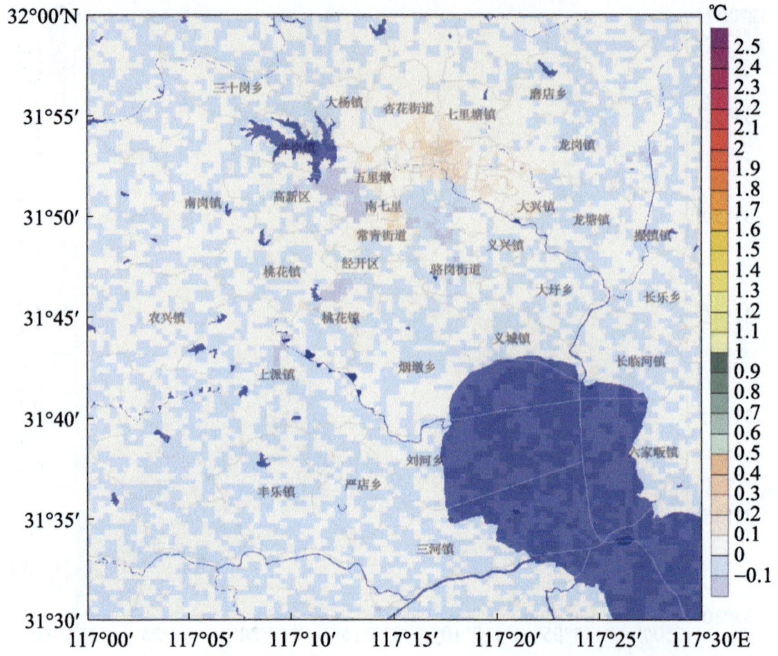

图 4.25 1995 年城市化造成的市区最高气温增温幅度空间分布

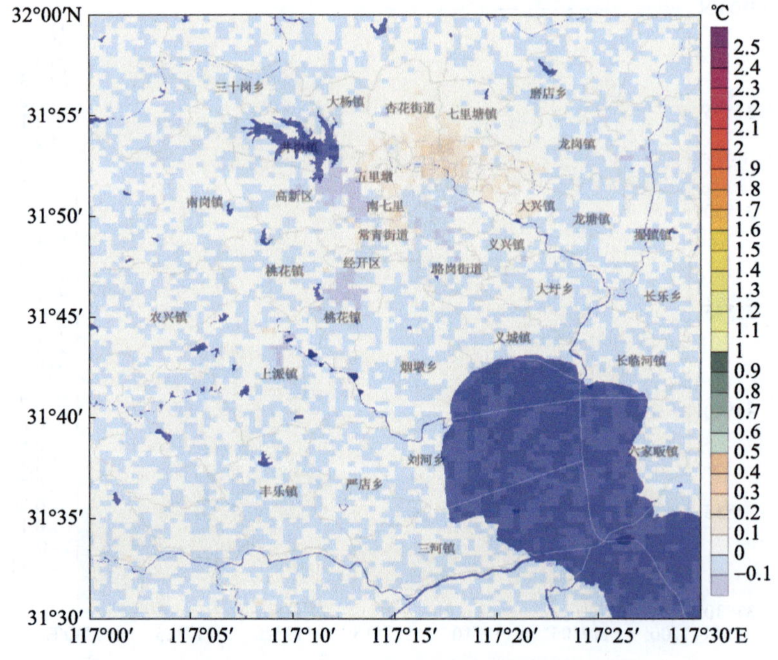

图 4.26 2000 年城市化造成的市区最高气温增温幅度空间分布

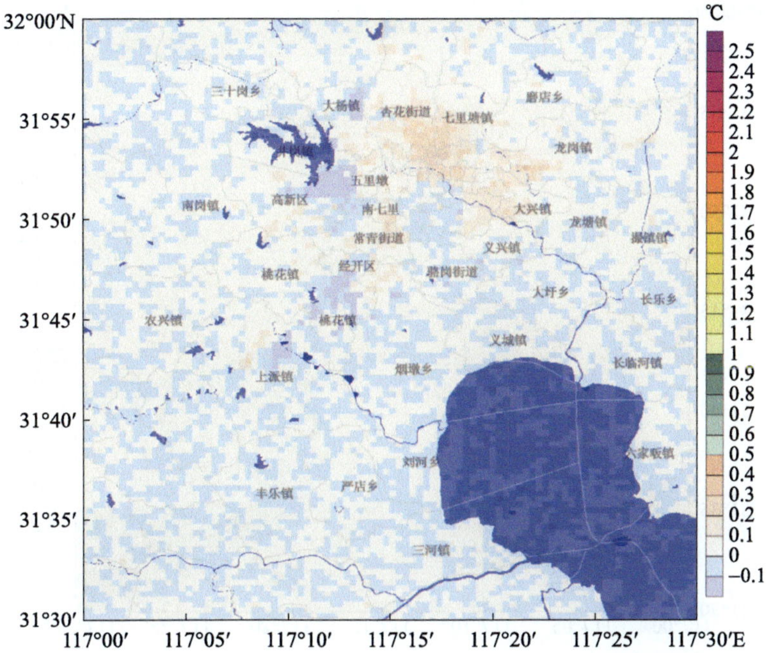

图 4.27　2005 年城市化造成的市区最高气温增温幅度空间分布

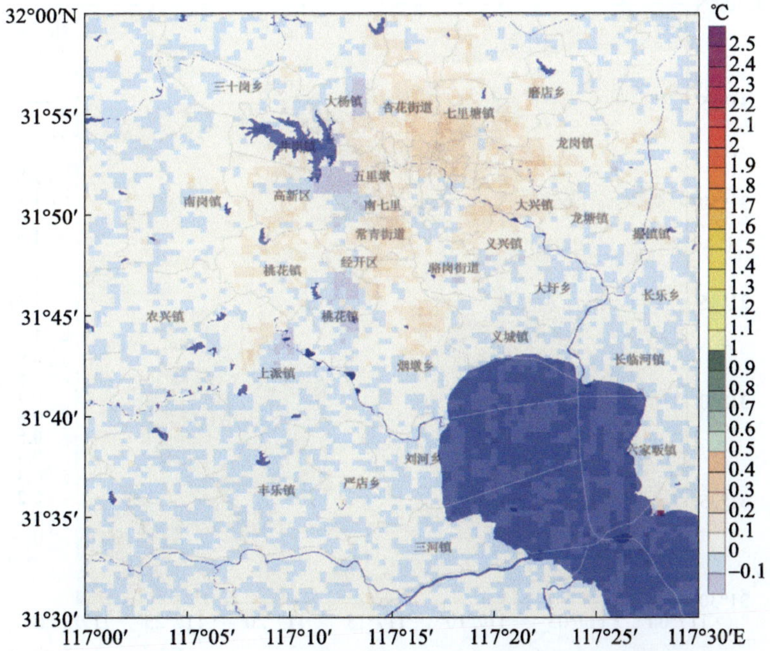

图 4.28　2010 年城市化造成的市区最高气温增温幅度空间分布

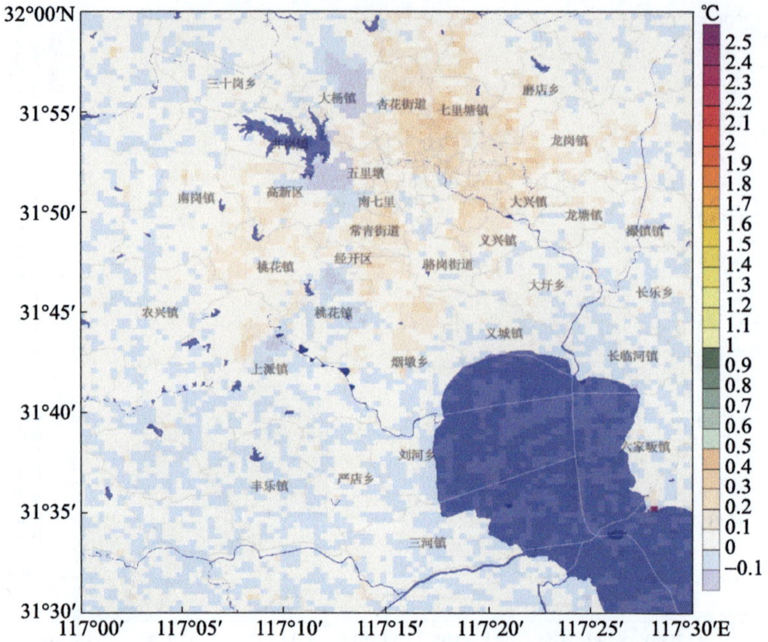

图 4.29　2015 年城市化造成的市区最高气温增温幅度空间分布

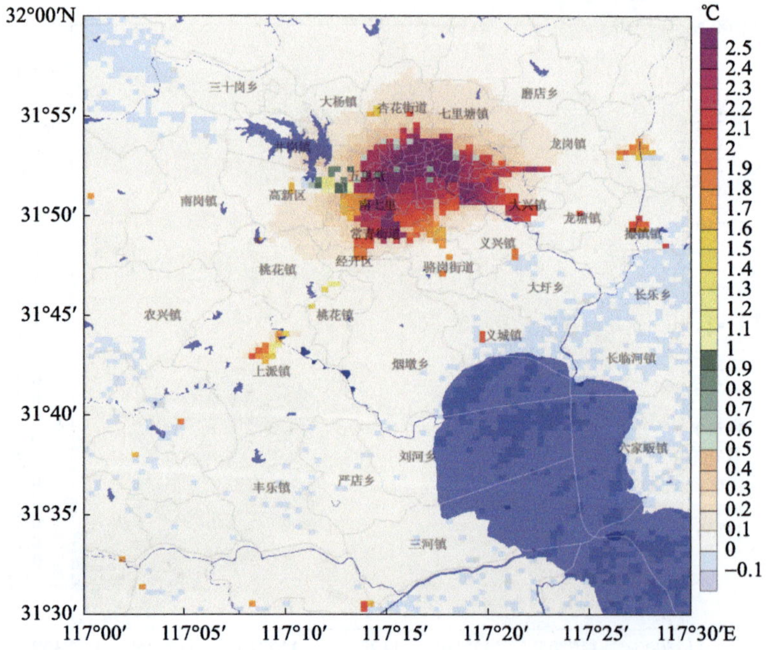

图 4.30　1992 年城市化造成的市区最低气温增温幅度空间分布

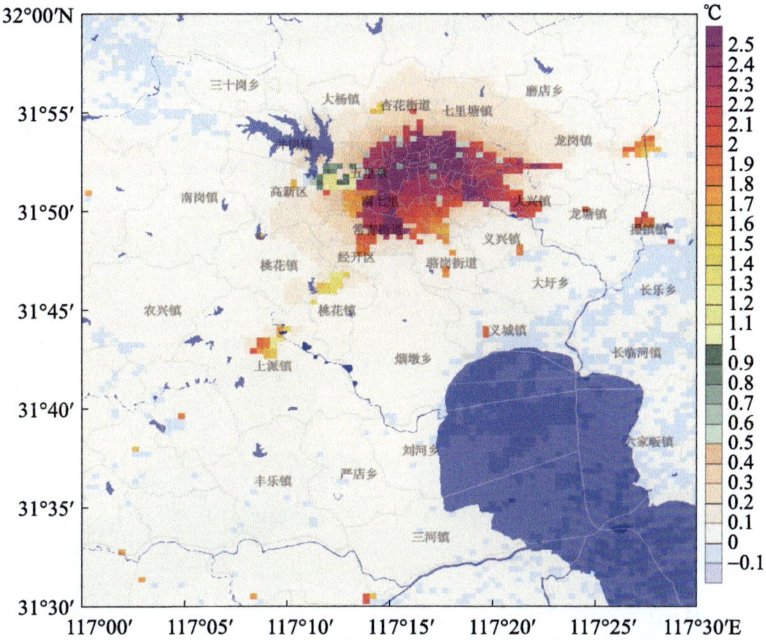

图 4.31　1995 年城市化造成的市区最低气温增温幅度空间分布

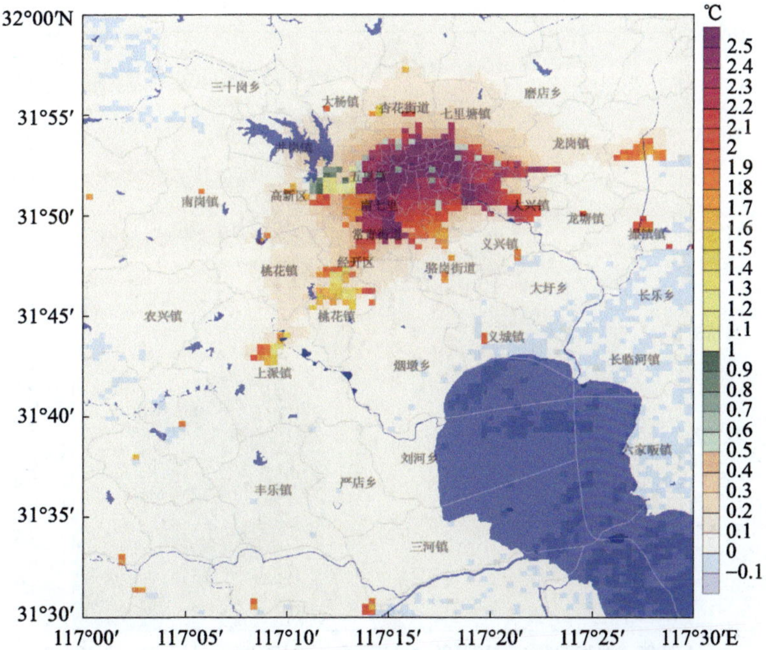

图 4.32　2000 年城市化造成的市区最低气温增温幅度空间分布

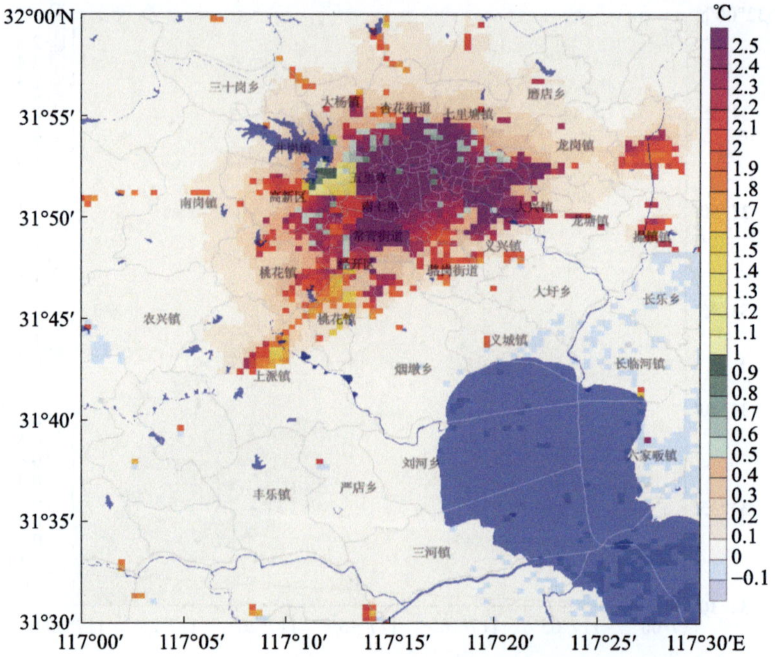

图 4.33　2005 年城市化造成的市区最低气温增温幅度空间分布

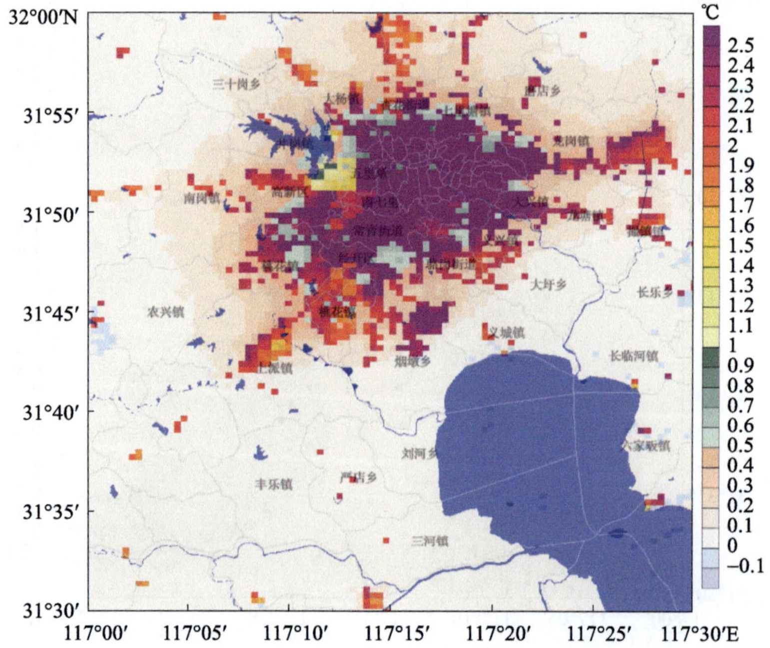

图 4.34　2010 年城市化造成的市区最低气温增温幅度空间分布

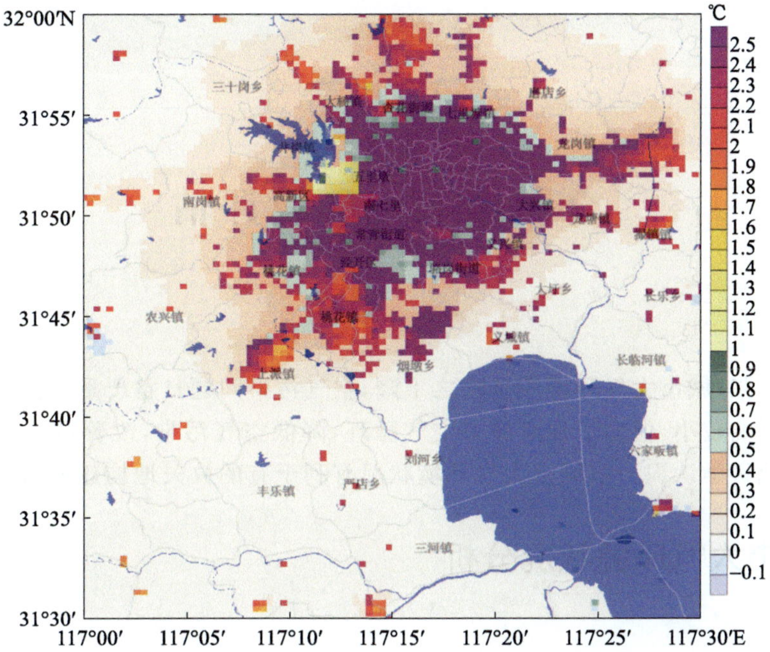

图 4.35 2015 年城市化造成的市区最低气温增温幅度空间分布

第5章

合肥市大气环境评估

随着城市扩张，城市大气环境质量随之下降，空气污染问题日益严重。虽然通风廊道对大尺度大气环境影响较小，但对于促进城市空气循环，降低空气污染，改善城市环境能够起到一定的作用。因此科学认识当前城市大气环境状况有利于有的放矢地构建城市通风廊道。

5.1 合肥市大气环境状况分析

5.1.1 计算方法

合肥市属于国家空气质量新标准(《环境空气质量标准》GB 3095—2012)第一阶段实施城市，于 2013 年 1 月 1 日正式对外发布监测数据。本书污染物数据来源于合肥市环保局提供的“合肥市 2013—2017 年全市大气污染物月均浓度统计”结果，包括六种污染物($PM_{2.5}$、PM_{10}、SO_2、NO_2、CO、O_3)的逐月污染物浓度数据。数据分析过程采用基本的统计分析方法，包括年平均和月平均等。

合肥市设有 10 个国家环境空气质量自动监测站，分别为董铺水库、三里街、长江中路、琥珀山庄、明珠广场、庐阳区、瑶海区、包河区、滨湖新区和高新区测点，其中董铺水库点为清洁对照点(表 5.1)。

表 5.1 国家环境空气质量自动监测站信息

环境要素	测站名称	代码	监测项目
环境空气	董铺水库	30	二氧化硫(SO_2) 二氧化氮(NO_2) 一氧化碳(CO) 臭氧(O_3) 可吸入颗粒物(PM_{10}) 细颗粒物($PM_{2.5}$)
	三里街	51	
	长江中路	52	
	琥珀山庄	53	
	明珠广场	54	
	庐阳区	201	
	瑶海区	202	
	包河区	203	
	滨湖新区	204	
	高新区	205	

5.1.2 结果分析

按照《环境空气质量标准》(GB 3095—2012)计算，2013—2017 年合肥市全年空气质量达到优良的天数显著增加，优良率显著提高。其中 2015 年优良天数和优良率均为 2013 年来最高值(图 5.1)。

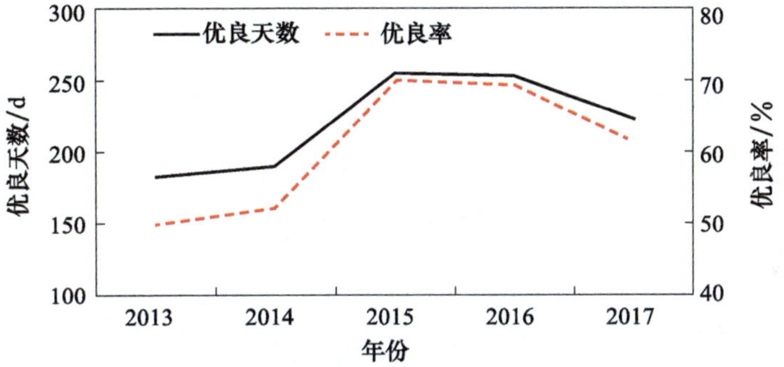

图 5.1 2013—2017 年合肥市全年空气质量优良天数及优良率

2013—2017 年合肥市六种主要污染物年平均浓度呈现不同的变化趋势，其中 NO_2、CO 和 O_3 浓度显著上升，而 $PM_{2.5}$、PM_{10} 及 SO_2 浓度则明显下降(图 5.2)。

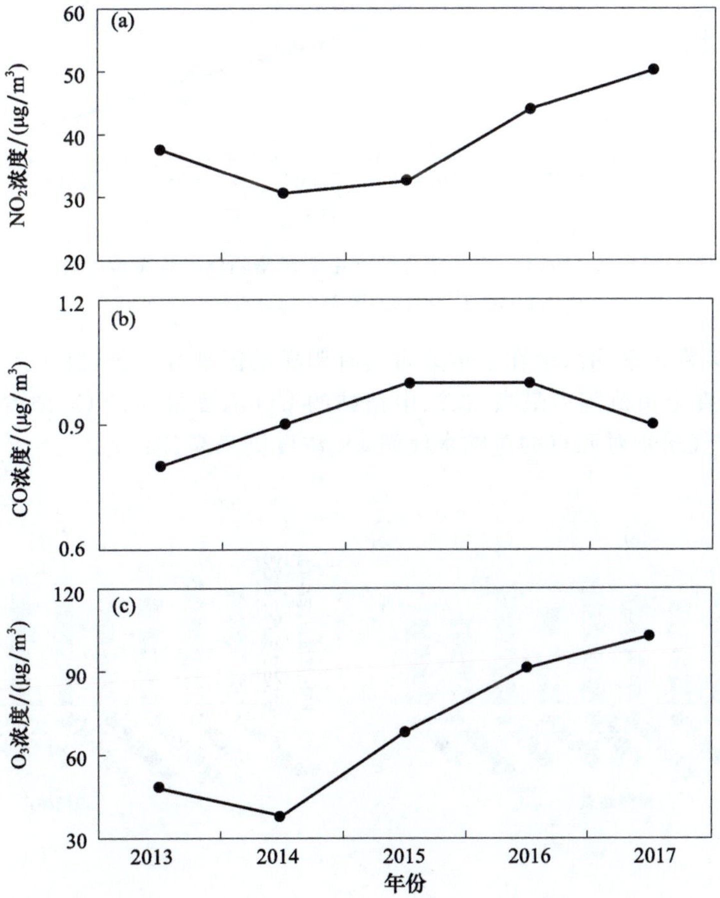

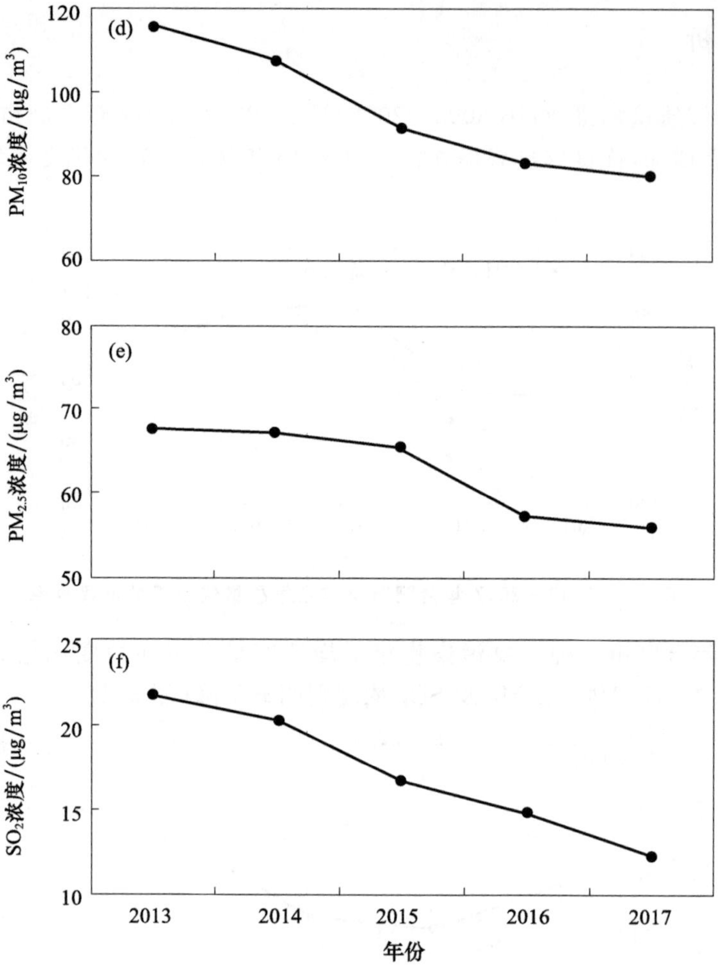

图 5.2　2013—2017 年合肥市主要污染物年平均浓度变化

(a) NO_2；(b) CO；(c) O_3；(d) PM_{10}；(e) $PM_{2.5}$；(f) SO_2

六种主要污染物年平均浓度在全市分布具有明显的区域性特征，其中庐阳区站的 $PM_{2.5}$，PM_{10} 及 SO_2 浓度在全市范围内最高，长江中路站的 CO 浓度最高，NO_2 浓度最大值出现在三里街站，而作为空气质量对照点的董铺水库站 O_3 浓度则最高（图 5.3）。

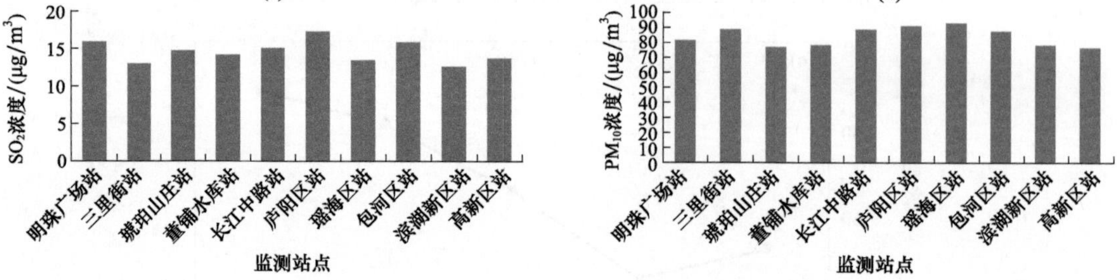

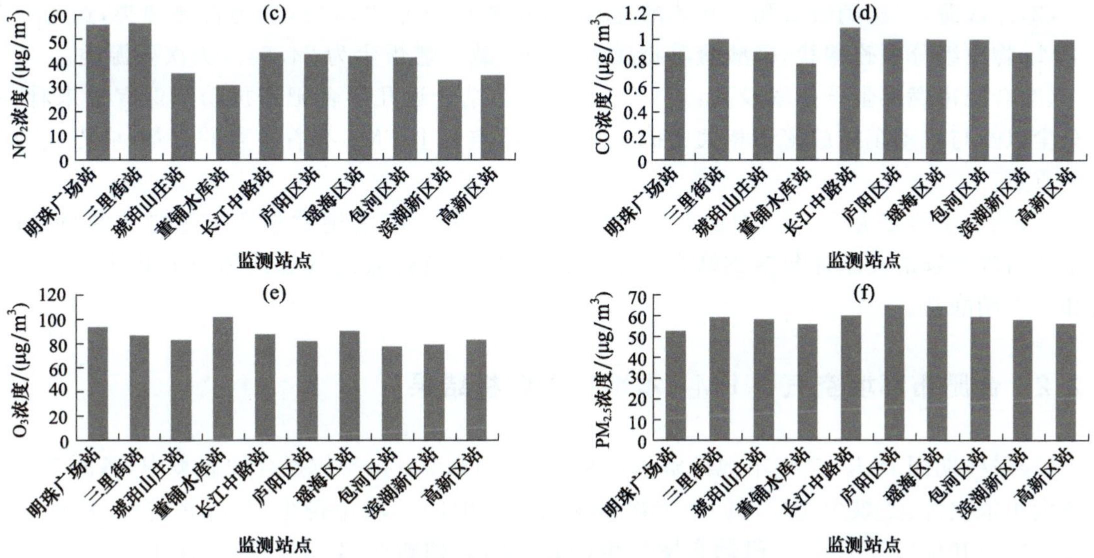

图 5.3 合肥市主要污染物年平均浓度空间分布图

(a)SO_2；(b)PM_{10}；(c)NO_2；(d)CO；(e)O_3；(f)$PM_{2.5}$

5.2 污染源解析

根据安徽省环境监测中心站、合肥市环境监测中心站和南开大学共同研究成果表明如下。

5.2.1 合肥市环境空气中 PM_{10} 本地来源解析结果

(1)PM_{10}全年本地源解析结果显示(图 5.4)，在参与拟合的源类中，各源类的分担率大小依次为：燃煤尘(24.3%)>城市扬尘(19.5%)>二次硝酸盐(15.0%)>二次硫酸盐(14.7%)>其他(12.0%)> 机动车尾气尘(9.2%)>钢铁尘(3.1%，此处仅为钢铁制造工艺排放的贡献)>建筑尘(2.2%)。

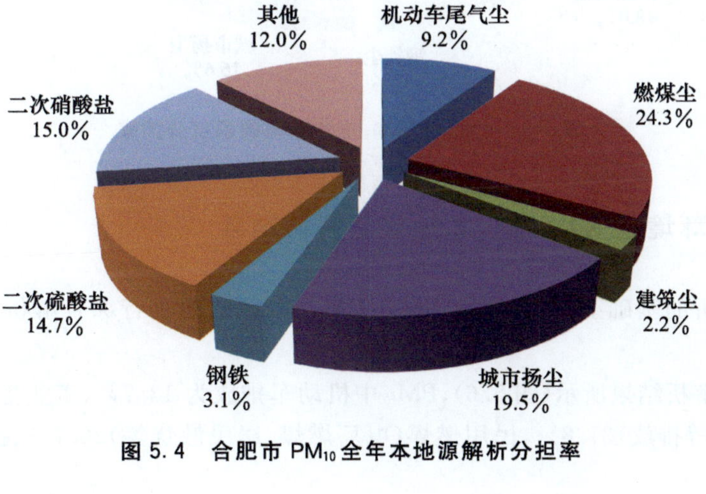

图 5.4 合肥市 PM_{10} 全年本地源解析分担率

(2)二次源(二次硝酸盐和二次硫酸盐)的分担率总和为29.7%，成为首要源类，这与合肥市PM_{10}物质组分中硫酸盐、硝酸盐等物质占比相一致。燃煤尘为24.3%，为次要源类。

(3)合肥市燃煤尘分担率较高，达到了24.3%。结合近几年合肥市机动车保有量来看，机动车尘以及与机动车排放密切相关的硝酸盐对环境空气中PM_{10}有着显著的贡献，应当成为防控的重点。

(4)钢铁尘贡献为3.1%，但模型解析结果中的钢铁尘仅为钢铁制造工艺排放的贡献；钢铁企业对颗粒物的贡献还包括钢铁企业燃煤源排放，以及排放的气态前体物转化为二次硫酸盐和二次硝酸盐。

5.2.2 合肥市环境空气中$PM_{2.5}$本地来源解析结果

(1)采样期间$PM_{2.5}$全年本地源解析结果显示(图5.5)，在参与拟合的源类中，各源类的分担率大小依次为：燃煤尘(21.7%)＞二次硫酸盐(18.0%)＞城市扬尘(16.6%)＞二次硝酸盐(16.7%)＞其他(12.6%)＞ 机动车尾气尘(11.0%)＞建筑尘(2.3%)＞钢铁尘(1.1%，此处仅为钢铁制造工艺排放的贡献)。

(2)二次源(二次硫酸盐和二次硝酸盐)的分担率总和为34.7%，成为首要源类。燃煤尘为21.7%，成为次要源类。

(3)城市扬尘和机动车尾气尘的分担率较高，分别达16.6%和11.0%。模型解析结果中的钢铁尘仅为钢铁制造工艺排放的贡献，$PM_{2.5}$中的解析结果(1.1%)低于PM_{10}中的解析结果(3.1%)。

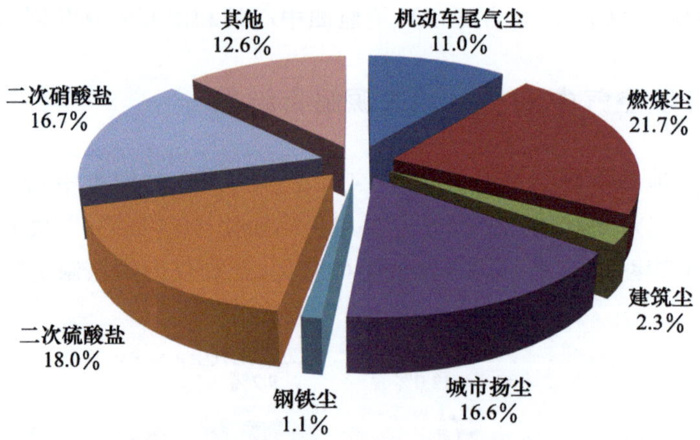

图5.5 合肥市$PM_{2.5}$全年本地源解析分担率

5.2.3 合肥市环境空气中PM_{10}本地来源解析结果

在常规源解析的基础上，对合肥市PM_{10}、$PM_{2.5}$本地来源进行综合解析，定量给出综合解析结果。

PM_{10}综合源解析结果所示(图5.6)，PM_{10}中机动车排放为13.7%、工业生产(工业锅炉及窑炉、生产工艺过程等排放)31.8%、民用燃煤(电厂燃煤、居民散烧等)20.7%、扬尘(裸露表面、建筑施工、道路扬尘、土壤风沙等排放)21.7%、其他(生物质燃烧、餐饮、农业生产等)12.1%。

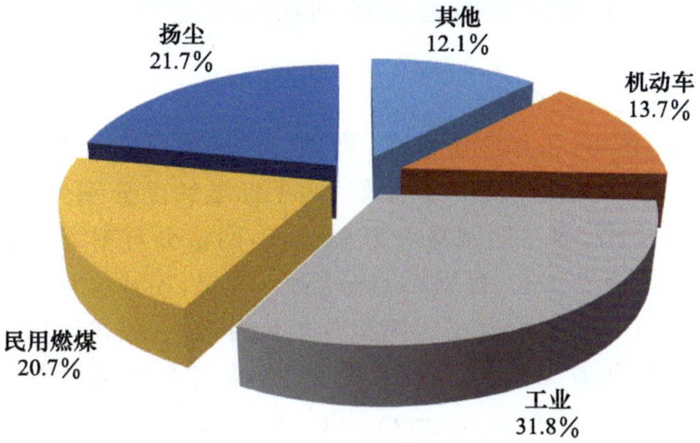

图 5.6 PM_{10}综合源解析分担率

$PM_{2.5}$综合源解析结果所示(图 5.7)。结果表明,$PM_{2.5}$中机动车排放为 16.0%、工业生产(工业锅炉及窑炉、生产工艺过程等排放)31.0%、民用燃煤(电厂燃煤、居民散烧等)21.5%、扬尘(裸露表面、建筑施工、道路扬尘、土壤风沙等排放)18.9%、其他(生物质燃烧、餐饮、农业生产等)12.6%。

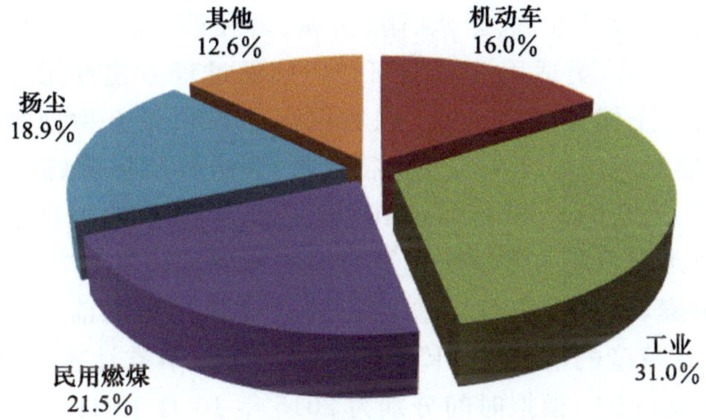

图 5.7 $PM_{2.5}$综合源解析分担率

马钢(合肥)钢铁有限责任公司对颗粒物的综合贡献包括:钢铁尘贡献(模型源解析结果)、燃煤尘贡献(利用烟尘排放量计算)、二次硫酸盐贡献(利用 SO_2 排放量计算)和二次硝酸盐贡献(利用 NO_x 排放量计算)。在综合源解析基础上,计算马钢(合肥)钢铁有限责任公司对合肥市环境空气中 PM_{10}贡献为 16.8%,对 $PM_{2.5}$贡献为 13.7%。

5.3 典型重污染天气过程数值模拟分析

通过对合肥市重污染天气过程的模拟分析,有助于理解重污染过程的颗粒物演变规律、形成机制,揭示此类型重污染天气形成的原因。考虑到某一模式可能存在局限性,因此,本书选用了目前两个主流的模式 WRF-Chem 和 WRF/CMAQ 来模拟 5 次重污染过程。

5.3.1 运用 WRF-Chem 模式模拟合肥市两次污染过程

(1)模式设置及参数化方案介绍

本书所研究的区域(图略)采用 2 层嵌套,第二层区域可以完全覆盖长三角地区。投影方式采用适合我国中低纬度特点的 Lambert 投影,两条标准纬度分别为 30°N 和 60°N。中心经纬度为(31.5°N 和 117.5°E),第一层网格数为 99×99,网格分辨率均为 27 km,第二层网格数为 99×99,网格分辨率均为 9 km。模式垂直分层为 38 层,模式层顶高度为 50 hPa。第一层网格时间积分步长为 120 s,第二层网格时间积分步长为 40 s,模式计算结果逐小时输出。

本书采用的主要参数化方案如表 5.2 所示。其中大气边界层参数化方案选用 ACM2 方案,ACM2 是第二代不对称对流模式(asymmetric convective model)方案,它将涡旋扩散加到非局地扩散方案中,能够描述次网格尺度的湍流输送过程和对流边界层中超网格尺度,而且也可以模拟湍流扩散引起的局地切变过程,具有非局地向上混合和局地向下混合的非对称对流模式。长波辐射方案和短波辐射方案均使用 RRTM(rapid radiative transfer model)长波辐射参数化方案。它来自于 MM5(the PSU/NCAR mesoscale model)模式,他是一种快速辐射传输模式。利用一个预先处理的对照表来表示由于二氧化碳、水汽、臭氧等物质引起的长波过程的有效并精确的模式。云微物理过程参数化方案使用 Lin 方案,它是一种适用于高分辨率模拟实时数据的方案。它包括了水汽、云水、雨、云冰、雪和霰 6 种类型水成物的处理,是 WRF 模式中较复杂的微物理方案,更适用于理论研究。陆面过程方案使用 Noah 陆面过程模式进行模拟,它有 4 个层次上土壤温度和湿度、积雪覆盖面积和冻土物理过程。每层深度为 10、30、60 cm 和 100 cm,能对冠层湿度和雪盖进行预报,为边界层提供感热和潜热通量。气相化学反应机制使用 CBM-Z(carbon-bond mechanism-Z)碳键机制,它增加了长寿命物种的化学反应及其中间产物、烷烃和芳香烃的化学反应等方面的考虑和计算更加周全。气溶胶化学方案使用 MOSAIC-8bin 方案,该方案将气溶胶粒径分成 8 级。与之前的气溶胶化学机制相比,MOSAIC 在保证了计算精度的情况下,计算更加快捷、更加节省计算资源。

模式 spin-up 时间为 72 h,模拟时间分别为 2015 年 10 月 13 日 00:00 到 2015 年 10 月 18 日 00:00 和 2018 年 4 月 15 日 00:00 到 2018 年 4 月 20 日 00:00。

表 5.2 模式选用的主要参数化方案

参数化方案种类	所选参数化方案名称
长波辐射方案	RRTMG 方案
短波辐射方案	RRTMG 方案
微物理方案	Lin 方案
陆面过程方案	Noah 方案
大气边界层方案	ACM2 方案
气相化学反应机制	CBM-Z 机制
气溶胶化学方案	MOSAIC-8bin 方案

(2)模式使用的数据及来源

初边界条件数据:

使用 NECP 提供的 FNL 全球气象预报资料为模式提供初始边界气象条件，水平分辨率为 0.25°×0.25°，时间分辨率为 6 h，将其时间分辨率插值成 3 h。使用全球化学模式 MOZART-4 为外层区域提供化学初边界条件。

模式评估数据：

污染物浓度数据来自全国城市空气质量实时发布平台（http://106.37.208.233:20035/）发布的 $PM_{2.5}$、PM_{10}、NO_2、SO_2、CO 和 O_3 的浓度。

排放源数据：

人为排放源数据使用 MEGAN 排放模式生成的 1°×1°的生物排放源数据；

自然排放源数据使用 MEIC 和 MIX 数据，MIX 的基准年为 2010 年，MEIC 的基准年为 2014 年和 2016 年，视不同模拟时段进行不同选择。

所有时刻均转化为北京时。

(3)模式结果验证

污染物浓度方面，验证了合肥市 CO、SO_2、NO_2、O_3、$PM_{2.5}$、PM_{10}模拟的准确性。图 5.8 和图 5.9 中各污染物观测值为合肥市 10 个监测站点的平均结果，各污染物模式值为落在合肥市所有格点的平均结果。模式验证时段分别为：2015 年 10 月 13 日 08 时到 2015 年 10 月 18 日 08 时，2018 年 4 月 15 日 08 时到 2018 年 4 月 20 日 08 时。

从模拟结果上看，现在的方案能较好地再现 2015 年 10 月这次污染过程，除 SO_2 以外的 5 种污染物变化情况都模拟得不错。CO、O_3、$PM_{2.5}$、PM_{10}的相关系数均在 0.7 以上，NO_2 的相关系式为 0.517，再次说明 WRF-Chem 能较好地模拟此次过程。

2018 年 4 月个例，CO、NO_2、O_3、$PM_{2.5}$都能再现污染物的变化趋势，但对 SO_2、PM_{10}的模拟效果不理想。CO、NO_2、O_3、$PM_{2.5}$的相关系数均在 0.7 以上，模式结果与实际观测的污染物浓度值有较好的相关关系。

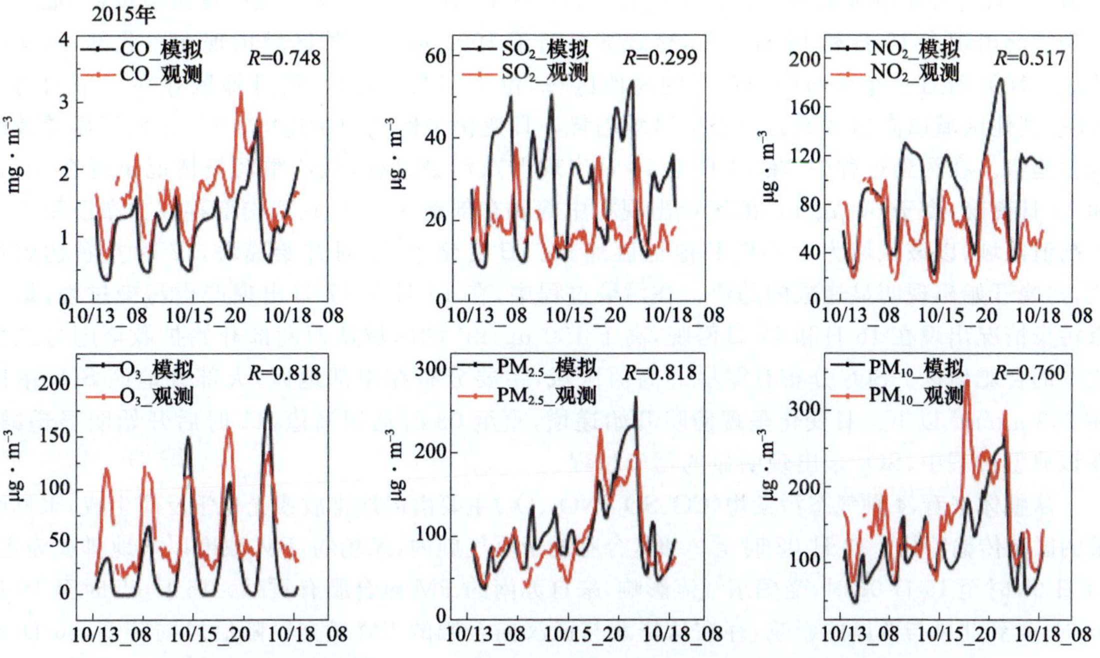

图 5.8 2015 年 10 月 6 种污染物的模式结果与观测值对比及相关系数

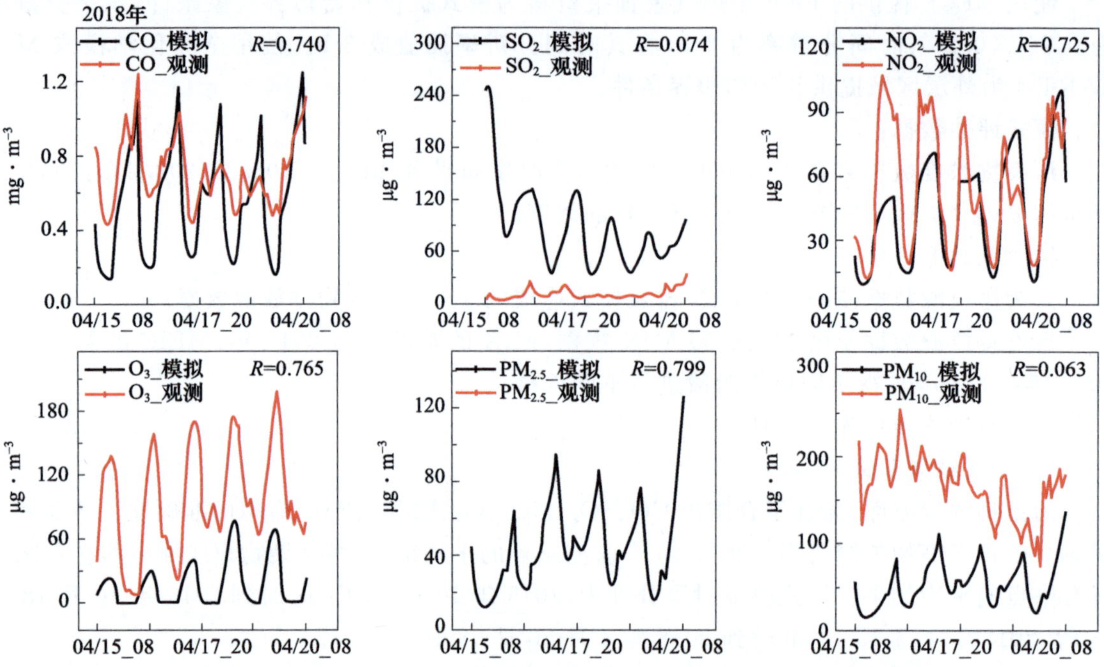

图 5.9 2018 年 4 月 6 种污染物的模式结果与观测值对比及相关系数

(4)典型过程时空分布及路径分析

2015 年 10 月 13—18 日个例：

CO 主要存在一个分布面积较广的高值区，位于中部，还有一到两个面积较小的高值区域，位于西南部，以区域为中心向其他地区递减。日变化以 17 时至 20 时开始递增，08 时达到峰值，11 时后开始明显递减。在污染过程中，10 月 13 日至 18 日均出现严重污染过程，最严重污染情况出现在 15 日和 16 日上午，接近甚至高于 1000 $\mu g/m^3$ 的区域出现在东北部、西南部地区。NO_2 存在一个分布面积较广的高值区域，位于东北部地区，南部地区存在零星的高值区域，其他区域以高值区域为中心呈递减趋势。日变化呈傍晚开始递增，中午开始明显递减的变化趋势。在污染过程中，在 14 日至 18 日出现严重污染过程，最严重污染情况出现在 16 日和 17 日夜晚，高于 50 $\mu g/m^3$ 的区域出现在中部和东部地区。O_3 在西南部存在分布面积广大的高值区域，以该区域为中心向其他地区递减。日变化呈 11 时开始递增，17 时左右达到峰值，傍晚开始出现明显递减的趋势。在污染过程中，在 13 日至 17 日出现严重污染过程，最严重污染情况出现在 16 日和 17 日傍晚，高于 100 $\mu g/m^3$ 的区域从西南部开始扩散至超过二分之一的合肥地区。SO_2 分布有零星的高值区域，主要分布在中部地区，大部分地区 SO_2 浓度在 200 $\mu g/m^3$ 以下。日变化呈现傍晚开始递增，直至 08 时达到高值，11 时后开始明显递减。在该典型过程中，SO_2 未出现明显的污染过程。

从整体来看，4 种气态污染物（CO、SO_2、NO_2、O_3）主要由局地排放或光化学反应生成，未见明显的区域传输特征。13 日 08 时至 23 时，合肥处于反气旋内，风场弱，PM 浓度以本地排放为主。14 日 08 时至 15 日 02 时，受偏东气流影响，来自苏南的 PM 对合肥有贡献。15 日 05 时至 16 日 05 时，受到北风与西风的影响，存在从华北与武汉向合肥的 PM 输送。随后风向转变，16 日 20 时至 18 日 08 时，合肥受来自苏南的东风影响，PM 污染为本地排放与外来传输的共同结果。

2018 年 4 月 15—20 日个例：

CO 主要存在一个分布面积较广的高值区，位于中部（有时会分裂为北部和东部两个高值区域），还有位于南部的零星高值区，以高值区域为中心向其他地区递减。日变化以傍晚开始递增，上午开始明显递减。在污染过程中，4 月 15 日至 20 日均出现严重污染过程，在凌晨达到高值，最严重污染情况出现在 16 日凌晨，接近甚至高于 1000 $\mu g/m^3$ 的区域出现在中部地区。NO_2 在东部存在一个分布面积稍大的高值区域，南部地区存在零星的高值区域，其他区域以高值区域为中心呈递减趋势。日变化呈傍晚开始递增，凌晨达到峰值，上午开始明显递减的变化趋势。在污染过程中，在 17 日至 20 日出现严重污染过程，最严重污染情况出现在 18 日凌晨，接近甚至高于 50 $\mu g/m^3$ 的区域出现在北部和东部地区。O_3 在西南部存在分布面积较大的高值区域，以该区域为中心自西南向东北递减。日变化呈 11 时开始递增，17 时左右达到峰值，傍晚开始出现明显递减的趋势。在污染过程中，在 16 日至 19 日出现严重污染过程，最严重污染情况出现在 18 日和 19 日傍晚，高于 100 $\mu g/m^3$ 的区域从西南部开始扩散至超过二分之一的研究地区。SO_2 分布有零星的高值区域，主要分布在中部地区，在严重污染时期在西部和北部会出现两个较明显的高值区域；在该时间段内日变化不明显。在污染过程中，15 日至 19 日均出现严重污染过程，最严重污染情况出现在 16 日傍晚，接近甚至高于 500 $\mu g/m^3$ 的区域主要出现在北部和西部地区。

O_3 主要由局地光化学反应产生，外来输送对其贡献不大。16 日 11 时前，合肥附近风场弱，各污染以本地排放为主。16 日 14 时至 19 日 17 时，合肥受偏南气流主导，期间偶然存在吹向合肥的东南风，对 CO、NO_2、PM 的污染产生一定贡献。19 日 17 时后，合肥周围盛行东南风，区外的污染对 SO_2、PM、NO_2、CO 有输送贡献，本地排放与外来贡献共同导致污染物浓度升高。

结论：两次污染事件中，偏东风的出现概率较大，因此来自长三角地区一带的污染对合肥有较大贡献。

5.3.2 运用 WRF-CMAQ 模式模拟合肥市三次污染过程

（1）模式设置及参数化方案介绍

WRF 模拟区域如图 5.10 所示，采用 3 层嵌套的方式，模式中心点位于 33.5°N 和 110.8°E，首层模拟区域覆盖了包括中国在内的东亚地区，网格数为 170×130，空间分辨率为 27 km×27 km；二层网格数为 88×88，网格分辨率为 9 km；第三层网格数为 76×76，网格分辨率为 3 km。垂直方向分为 28 层，模式顶高为 100 hPa。为了保证气象场模拟结果的稳定，本书采用了 WRF 模式自带的四维格点数据同化（four-dimensional data assimilation，FDDA）的 Nudging 方法，通过调整模拟结果使其逼近再分析资料，以提高模式模拟的准确性。FNL 再分析数据为 WRF 模式和 FDDA 提供气象初始条件和侧边界条件驱动。

WRF 模式参数化方案设置如表 5.3 所示：微物理方案采取了 Purdue Lin 方案，积云对流采用了 Kain-Fritsch (new Eta) 方案，长波辐射和短波辐射方案分别采用了 RRTM 和 Goddard shortwave 方案，黏性层方案为 Monin-obukhov 方案，表面层方案采用了 Noah Land Surface Model 方案，以及边界层方案使用的是 Yongsei University (YSU) 方案。

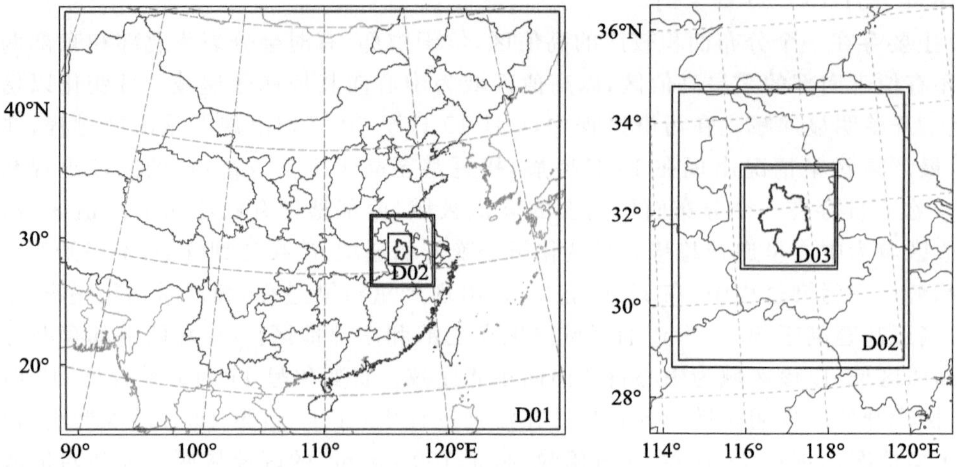

图 5.10 模式模拟区域设置

CMAQ 模拟也采用了三层网格，模拟区域的空间分辨率与 WRF 模式一致，为 27 km×27 km，范围每侧边界比 WRF 模式少 3 个网格（如图 5.10 中红色框线所示）。CMAQ 模拟区域垂直方向采用 16 层，其中边界层内约有 10 层，模式顶位于 100 hPa。气相化学采用 SAPRC99 机制（http://www.cert.ucr.edu/～carter/pubs/；Carter，2000），包括 74 个物种，211 种反应；气溶胶采用 AERO5 方案。本书中 CMAQ 模式均采用该方案设置。人为源排放采用清华大学编制的 MEIC 排放清单数据（2016 版）；自然源排放采用自然源排放模型（model of emissions of gases and aerosols from nature，MEGAN）进行计算，本书使用的是 2.04 版本（Guenther et al.，2006）。MEGAN 可用来模拟全球和区域的自然源排放，分辨率约为 1 km×1 km。在本书中，CMAQ 和 MEGAN 模式均由 WRF 模拟的气象数据进行驱动。

模拟所使用的 WRF 模式为 3.5 版本，CMAQ 模式为 4.7.1 版本。

表 5.3 WRF 模式参数化方案设置

方案	设置
微物理	Purdue Lin scheme
积云对流	Kain-Fritsch (new Eta) scheme
长波辐射	RRTM scheme
短波辐射	Goddard shortwave
黏性层	Monin-obukhov
表面层	Noah Land Surface Model
边界层	Yongsei University (YSU) scheme

模式 spin-up 时间为 72 h，三次污染过程的模拟时间分别为 2015 年 1 月 18 日 00 时到 2015 年 2 月 19 日 00 时，2015 年 12 月 17 日 00 时到 2016 年 1 月 6 日 00 时，以及 2017 年 12 月 22 日 00 时到 2018 年 1 月 4 日 00 时（以上均为北京时）。

（2）模式使用的数据及来源

气象数据：

气象再分析数据使用的是美国气象环境预报中心 NCEP FNL (Final) Operational Global

Analysis data 气象再分析数据(FNL 数据)(http://rda. ucar. edu/datasets/ds083. 2/)。时间分辨率为 6 h,空间分辨率为 1. 0°×1. 0°,范围覆盖 180°W—180°E,90°S—90°N。该数据集包含 26 个标准等压层(1000～10 hPa)、边界层和对流层顶顶要素信息。所包含的参数主要有地面气压、海平面气压、位势高度,气温、海面温度、土壤温湿度、冰盖、相对湿度、风、垂直运动、涡度和臭氧等。

排放源数据:

本书所用到的人为源排放清单来自清华大学研制的中国多尺度排放清单模型(multi-resolution emission inventory for china, MEIC)(http://www. meicmodel. org/dataset-meic. html;He,2012),它是一个基于云计算平台开发的中国大气污染物和温室气体人为源排放清单模型,包括 10 种主要大气污染物和温室气体,包括:SO_2、NO_X、CO、NMVOC(挥发性有机物)、NH_3、CO_2、$PM_{2.5}$、PM_{10}、BC、OC,以及 700 多种人为排放源。本书中所用到的为 1.0 版本的 2016 年排放数据。排放数据包括电力、工业、民用、交通和农业等五个部门,空间分辨率为 1. 0°×1. 0°,时间分辨率为 1 个月。

自然源排放采用自然源排放模型(model of emissions of gases and aerosols from nature, MEGAN)进行计算,为 2. 04 版本,分辨率约为 1 km×1 km (Guenther et al. ,2006)。

污染物观测数据:

污染物浓度数据来自全国城市空气质量实时发布平台(http://106. 37. 208. 233:20035/)发布的 $PM_{2.5}$、PM_{10}、NO_2、SO_2、CO 和 O_3 的浓度。

网站获取的污染物浓度数据为合肥市所有国控监测站的小时数据。对所使用数据采取了如下的质量控制措施。第一步,利用滑动窗口三西格玛准则对数据的质量严格控制,剔除异常值,仅保留有效数据。第二步,计算合肥市的污染物小时浓度和日平均浓度,采取了以下质量控制措施:合肥市污染物每小时的浓度值来自全市所有国控监测站的有效数据的平均;日平均值由每天逐小时浓度求平均获得;对于日平均值,只有每天有效记录数大于 16 h 的站点才被用于计算。

(3)模式结果验证

污染物浓度方面,验证了合肥市 CO、SO_2、NO_2、O_3、$PM_{2.5}$、PM_{10}模拟的准确性。模拟结果中所有时刻均转化为北京时。三次污染过程的模拟验证时段分别为:2015 年 1 月 21 日至 2 月 18 日;2015 年 12 月 21 日至 2016 年 1 月 5 日;2017 年 12 月 26 日至 2018 年 1 月 3 日。

表 5.4 给出了三次污染过程中 $PM_{2.5}$ 浓度小时模拟值和观测值的对比,以及模拟结果评估,主要包括模拟平均值、观测平均值、差值、标准化平均偏差(NMB)、平均相对偏差(MFB)和平均相对误差(MFE)。

表 5.4 不同区域 $PM_{2.5}$ 浓度模拟效果评价

过程	模拟值	观测值	差值	NMB	MFB	MFE
2015-01-21—2015-02-18	102.2	87.3	−14.9	−14.6	−13.0	44.5
2015-12-21—2016-01-05	124.5	104.1	−20.4	−16.41	−11.7	46.1
2017-12-26—2018-01-03	109.8	93.9	−15.9	−14.43	−29.7	53.3

注:表中缩略语分别表示:模拟和观测平均值(单位:$\mu g \cdot m^{-3}$);差值(单位:$\mu g \cdot m^{-3}$);标准化平均偏差 NMB(%);平均相对偏差 MFB(%);平均相对误差 MFE(%)。

如表 5.4 所示,模式模拟的三次污染过程的小时浓度都高于实际的观测值,平均分别偏高了 14.9、20.4 $\mu g \cdot m^{-3}$ 和 15.9 $\mu g \cdot m^{-3}$。NMB 值都在 −15% 上下,MFB 在 −29.7% 到

−11.3%之间，MFE 范围从 44.5%到 53.3%。美国国家环境保护局 EPA(2007)提供了关于评估模式模拟 $PM_{2.5}$ 浓度标准的指导建议，这份建议指出：当 $PM_{2.5}$ 浓度大于 5 $\mu g \cdot m^{-3}$ 时，模拟结果若同时满足 MFB≤±60%和 MFE≤75%这两个条件，则结果可信。在本次模拟中，三次模拟过程都满足了这两个条件。

本书将三次模拟过程分成了五个部分：①2015 年 1 月 21 日至 28 日；②2015 年 2 月 10 日至 18 日；③2015 年 12 月 21 日至 28 日；④2015 年 12 月 28 日至 2016 年 1 月 5 日；⑤2017 年 12 月 26 日至 2018 年 1 月 3 日。分别给出了每个时段内 6 种污染物的模拟值与观测值时间序列(图 5.11—5.15)。

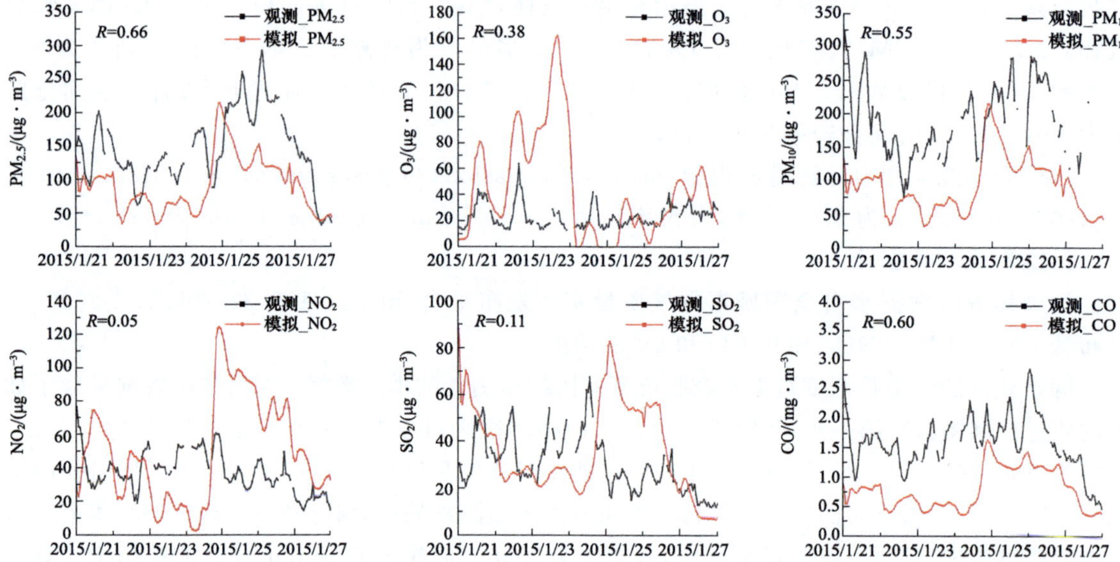

图 5.11　2015 年 1 月 21 日至 28 日 6 种污染物的模拟值与观测值对比及相关系数

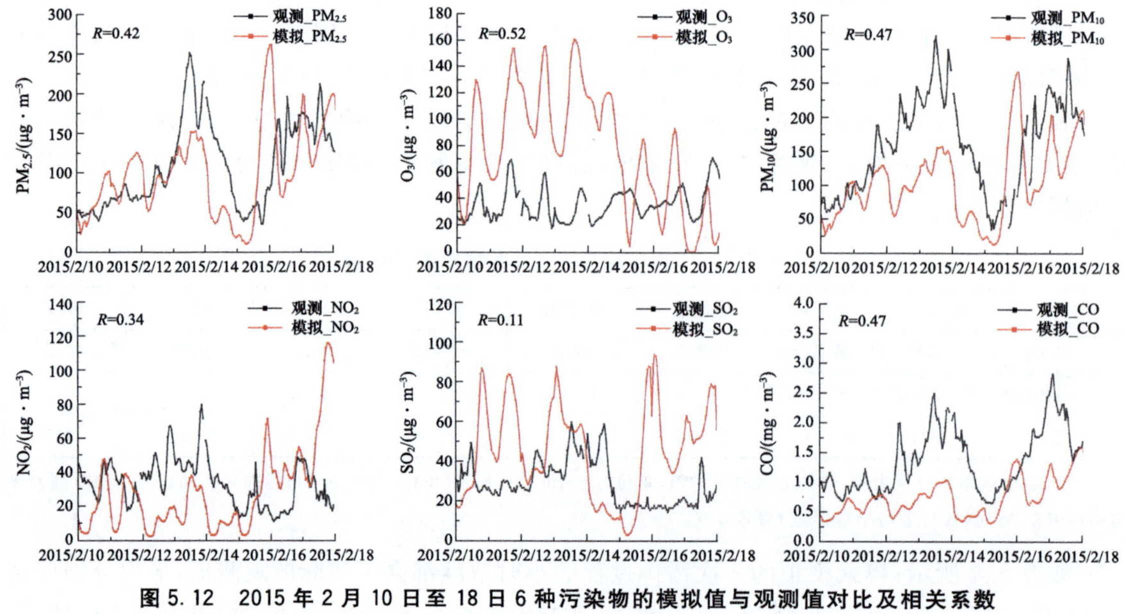

图 5.12　2015 年 2 月 10 日至 18 日 6 种污染物的模拟值与观测值对比及相关系数

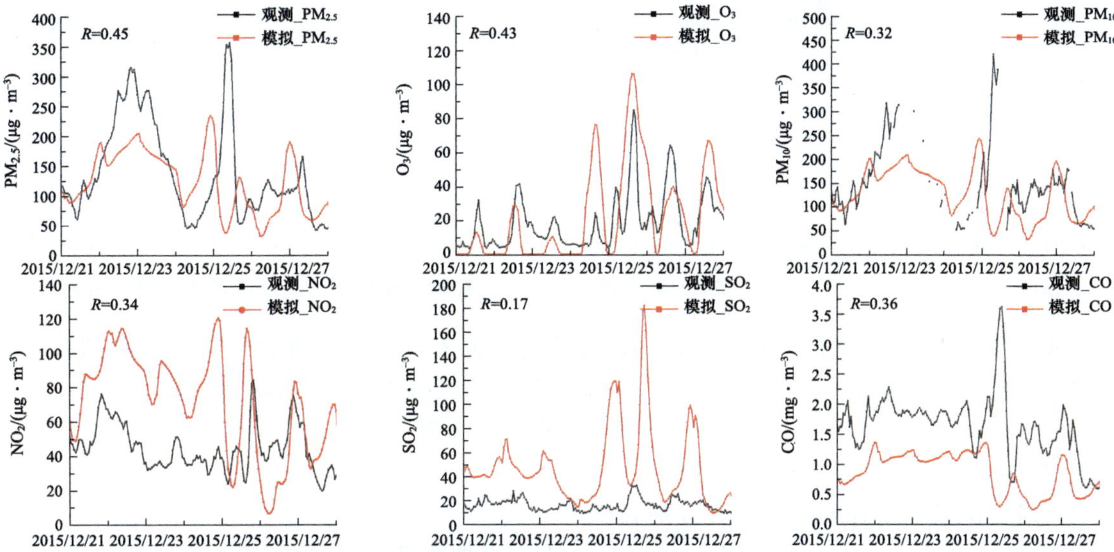

图 5.13 2015 年 12 月 21 日至 28 日 6 种污染物的模拟值与观测值对比及相关系数

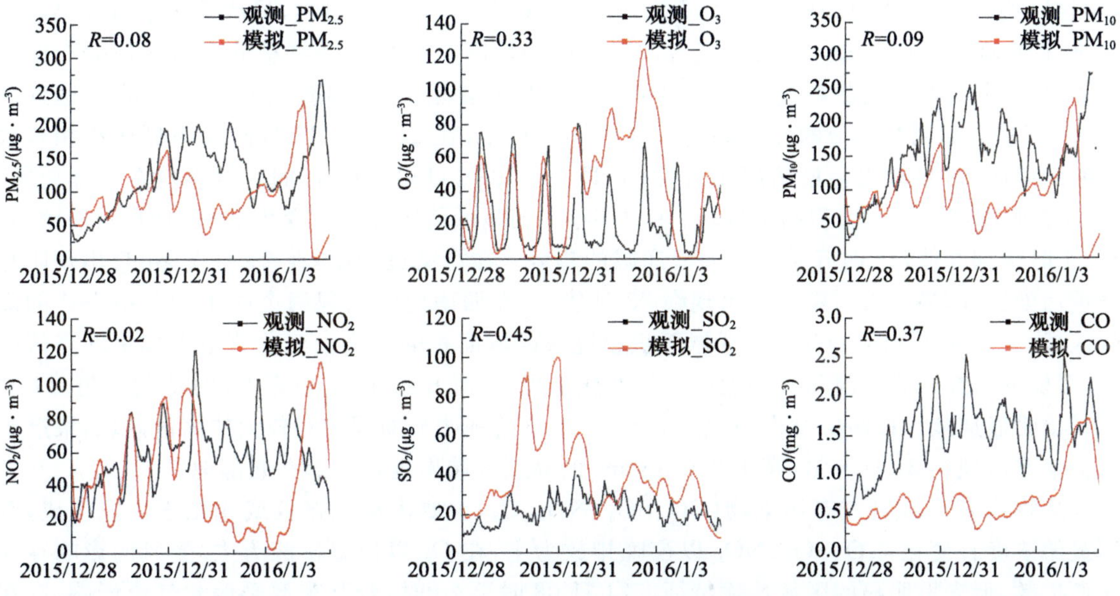

图 5.14 2015 年 12 月 28 日至 2016 年 1 月 5 日 6 种污染物的模拟值与观测值对比及相关系数

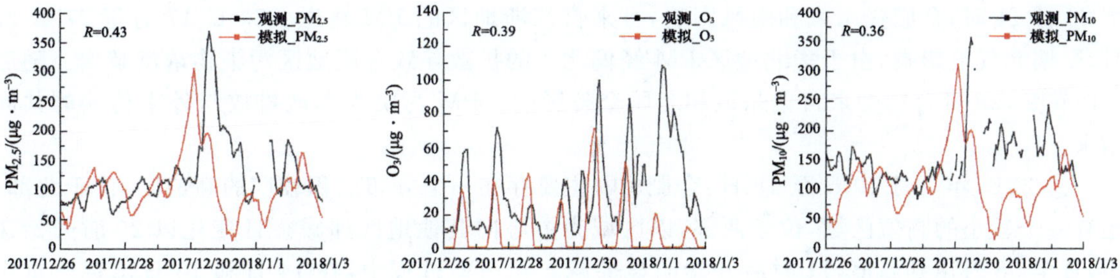

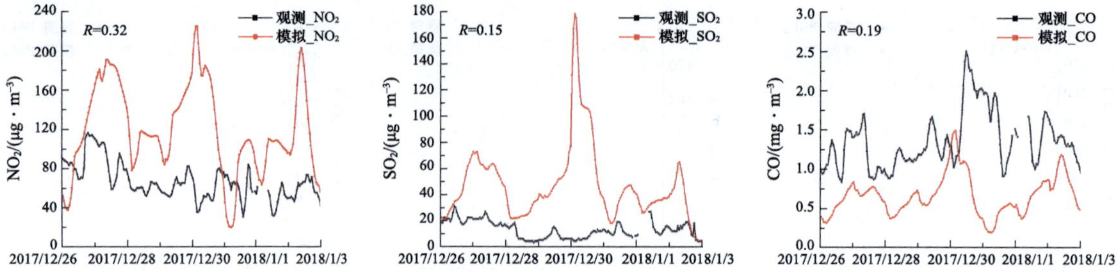

图 5.15 2017 年 12 月 26 日至 2018 年 1 月 3 日 6 种污染物的模拟值与观测值对比及相关系数

从模拟结果上看，现在的方案能较好地再现这几次污染过程，模拟的污染物浓度随时间变化的趋势和实测值基本一致，但是对有些污染物的峰值模拟得稍差，例如 $PM_{2.5}$、O_3、CO、PM_{10} 的峰值模拟值偏低，而 NO_2、SO_2 的峰值模拟值有偏高的现象。

(4)典型过程时空分布及路径分析

现对三次模拟过程的五个部分分别其讨论。

① 2015 年 1 月 21 日至 28 日：合肥 CO 主要存在两个高值区，分别位于西南部和东北部，以两个点为中心向其他地区递减。日变化以 20 时开始递增，直至 08 时达到高值，11 时后开始明显递减。在污染过程中，在 24 日至 27 日出现明显严重污染过程，最严重污染情况出现在 26 日上午，高于 1400 μg/m³ 的区域占大部分中部地区。NO_2 存在零星的高值区域分布面积较小，大部分地区污染物浓度低于 100 μg/m³。日变化呈 20 时开始递增，直至 08 时达到高值，11 时后开始明显递减的变化趋势。在污染过程中，在 24 日至 26 日出现明显面积相对较大的高值区域，最严重污染情况出现在 26 日上午，高于 150 μg/m³ 的区域出现在东部地区。O_3 在合肥南部存在大面积高值区域，在中部存在明显低值区域。日变化呈 08 时开始递增，直至 11 时达到峰值，17 时开始出现明显递减的趋势。在污染过程中，在 21 日至 24 日出现明显严重污染过程，最严重污染情况出现在 23 日傍晚，在西南地区出现两个高于 150 μg/m³ 的高值区域，南部高于 115 μg/m³ 的区域面积超过该区域面积的一半。SO_2 分布有零星的高值区域，主要分布在合肥东部和北部地区。日变化呈现 20 时开始递增，直至 08 时达到高值，11 时后开始明显递减。在污染过程中，在 23 日至 25 日出现明显面积相对较大的高值区域，最严重污染情况出现在 24 日上午，高于 250 μg/m³ 的高值区域出现在中部和北部地区。

从整体来看，4 种气态污染物（CO、SO_2、NO_2、O_3）主要由局地排放或光化学反应生成，有明显的浓度日变化，CO、SO_2、NO_2 以夜晚排放为主，在 O_3 以白昼排放为主，受风的影响存在局部扩散，但未见明显的区域传输特征。21 日 08 时至 20 时，合肥东部受偏北气流影响，存在华北地区的 PM 输送。21 日 23 时至 22 日 23 时，合肥风场弱，以本地排放为主。23 日 02 时至 23 日 11 时，合肥受东风和南风影响，有来自江浙地区的 PM 输送。23 日 17 时至 27 日 23 时，受偏北气流影响，由于华北地区 PM 经偏北风的扩散导致合肥地区污染物浓度骤增。随后风向转变，28 日合肥受来自偏东风和北风交替影响。PM 污染为本地排放与外来传输的共同结果。

② 2015 年 2 月 10 日至 18 日：合肥 CO 主要存在一个分布面积较广的高值区，位于北部，还有一个较小的高值区域，位于西部，以区域为中心向其他地区递减。日变化以 20 时开始递增，直至 08 时达到高值，11 时后开始明显递减。在污染过程中，在 14 日和 16 日出现严重污染过程，最严重污染情况出现在上午，高于 1400 μg/m³ 的区域出现在中部地区。NO_2 存在零

星的高值区域，分布面积较小，多位于合肥东南部地区，其他区域以高值区域为中心呈递减趋势。日变化呈傍晚开始递增，中午开始明显递减的变化趋势。在污染过程中，在 14 日出现严重污染过程，最严重污染情况出现在上午，高于 150 $\mu g/m^3$ 的区域出现在合肥东部和中部地区。O_3 在合肥南部存在大面积高值区域，在中部存在明显低值区域。日变化呈 08 时开始递增，直至 11 时达到峰值，傍晚开始出现明显递减的趋势。在污染过程中，在 14 日至 16 日出现严重污染过程，最严重污染情况出现在上午，高于 150 $\mu g/m^3$ 的区域出现在合肥西南部地区，最严重时南部高于 115 $\mu g/m^3$ 的区域面积超过该区域面积的一半。SO_2 分布有零星的高值区域，主要分布在合肥中部地区。日变化呈现 20 时开始递增，直至 08 时达到高值，11 时后开始出现明显递减的趋势。

从整体来看，O_3 主要由局地光化学反应产生，外来输送对其贡献不大。其他 3 种气态污染物（CO、SO_2、NO_2）受局地排放或外来输送共同影响，有明显的浓度日变化，CO、SO_2、NO_2 以夜晚排放为主，体现出一定区域传输特征。10 日 02 时至 23 时，合肥风力较弱，各污染物以本地排放为主。11 日 02 时至 12 时，合肥市以偏西风为主，存在来自河南、陕西地区的 PM 输送。11 日 17 时至 12 日 05 时，合肥风力较弱，各污染物以本地排放为主。12 日 11 时至 23 时，合肥受偏东气流影响，存在来自江苏、上海地区的 PM 输送，有来自西南部地区风弱，东部仍受北风影响。13 日 05 时至 14 日 23 时，合肥位于反气旋后部，受东南风影响，有来自江浙地区的污染对各污染物的贡献。15 日 02 时，合肥同时存在偏南风与偏西风影响，以本地污染物排放为主，15 日 08 时至 16 日 11 时，受西北风影响，存在来自河南、陕西地区的 PM 输送。16 日 15 时至 18 日 23 时，合肥东部及北部以偏东风为主，期间有来自江苏地区的污染输送。本地排放与外来贡献共同导致合肥市污染物浓度升高。

③ 2015 年 12 月 21 日至 28 日：CO 在合肥中部和北部存在大面积的高值区域，随后向周边递减。日变化自 20 时开始递增，直至 08 时达到高值，11 时后开始明显递减。在污染过程中，在 21 日至 25 日出现严重污染过程，最严重污染情况出现在 23 日上午，高于 1400 $\mu g/m^3$ 的区域出现在合肥北部和中部地区。NO_2 主要存在合肥北部和东部两个分布较广高值区域。日变化呈 20 时开始递增，直至 08 时达到高值，11 时后开始明显递减的变化趋势。在污染过程中，在 22 日至 25 日出现严重污染过程，最严重污染情况出现在 24 日上午，高于 150 $\mu g/m^3$ 的区域出现在合肥中部地区。O_3 在合肥中部存在明显低值区域，向四周递增，高值区域主要出现在西南及东南地区。日变化呈 08 时开始递增，17 时开始出现明显递减的趋势。在污染过程中，在 26 日和 27 日出现污染过程，污染情况相对不明显。SO_2 分布有零星的高值区域，主要分布在合肥北部地区。日变化呈现 20 时开始递增，直至 08 时达到高值，11 时后开始明显递减。在污染过程中，在 22 日至 26 日出现严重污染过程，最严重污染情况出现在 24 日上午，高于 250 $\mu g/m^3$ 的区域出现在合肥中部地区。

从整体来看，O_3 主要由局地光化学反应产生，外来输送对其贡献不大。其他 3 种气态污染物（CO、SO_2、NO_2）受局地排放或外来输送共同影响。21 日 14 时至 22 日 08 时，合肥受偏东风影响，对 CO、SO_2、NO_2、PM 污染产生一定贡献。22 日 11 时至 24 日 11 时，合肥受偏北气流影响但附近风场弱，各污染以本地排放为主；而后北风风力增强，来自华北的污染对 CO、SO_2、NO_2、PM 有输送贡献。24 日 17 时至 25 日 05 时，合肥地区西风增强，来自河南的污染对各污染物浓度有所贡献。25 日 17 时至 26 日 08 时，风向转变，合肥受西南风影响，来自湖北地区的污染对各污染物浓度有所贡献；26 日 17 时至 28 日 05 时，合肥受偏北气流影响，来自华北地区的污染对各污染物浓度有所贡献。28 日 11 时，境内以东风为主，但风速较弱，污染物以本地产生为主。本地排放与外来贡献共同导致合肥市污染物浓度升高。

④ 2015 年 12 月 28 日至 2016 年 1 月 5 日：合肥 CO 主要存在一个分布面积较广的高值区，位于北部（有时会分裂为北部和中部两个高值区域），还有一个较小的高值区域，位于西部，以区域为中心向其他地区递减。日变化以傍晚开始递增，11 时后开始明显递减。在污染过程中，除 1 月 1 日均出现严重污染过程，最严重污染情况出现在 12 月 31 日和次年 1 月 4 日上午，高于 1400 μg/m^3 的区域出现在合肥中部西部大部分地区。NO_2 存在零星的高值区域，分布面积较小，多位于合肥中部地区，其他区域以高值区域为中心呈递减趋势。日变化呈傍晚开始递增、中午开始明显递减的变化趋势。在污染过程中，在次年 1 月 1 日至 4 日出现严重污染过程，最严重污染情况出现在 3 日夜晚，高于 150 μg/m^3 的区域出现在合肥中部和东部地区。O_3 在合肥南部存在部分高值区域，在中部存在分布面积较广的低值区域。日变化呈 08 时开始递增、傍晚开始出现明显递减的趋势。在污染过程中，在 1 日至 3 日出现严重污染过程，最严重污染情况出现在 2 日傍晚，高于 150 μg/m^3 的区域出现在西南地区。SO_2 分布有零星的高值区域，主要分布在合肥中部地区。日变化呈现 20 时开始递增，直至 08 时达到高值，11 时后开始明显递减。在污染过程中，均出现污染过程，最严重污染情况出现在 1 月 1 日上午，高于 250 μg/m^3 的区域出现在合肥中部地区。

从整体来看，O_3 主要由局地光化学反应产生，外来输送对其贡献不大。其他 3 种气态污染物（CO、SO_2、NO_2）受局地排放或外来输送共同影响。28 日 05 时至 29 日 23 时，合肥北部受反气旋影响，以偏东风为主但风力弱，污染物以本地排放为主。30 日 02 时至 23 时，受较强的北风和西风影响，来自华北的污染对 CO、SO_2、NO_2、PM 有输送贡献。31 日 02 时至次年 1 月 1 日 02 时，合肥地区受反气旋控制，风场弱，主要以本地排放为主；但存在较弱的东风影响下的江苏地区的污染物输送。1 月 1 日 05 时至 2 日 23 时，合肥受偏南风影响，来自湖北、江西地区的污染对各污染物浓度有所贡献；1 月 3 日 02 时，合肥受西风影响，风力较弱，以本地排放为主，至 3 日 17 时以后，北风增强，随后东北气流增强，有来自华北等区域的污染对合肥各污染物有所贡献。本地排放与外来贡献共同导致合肥市污染物浓度升高。

⑤ 2017 年 12 月 26 日至 2018 年 1 月 3 日：合肥 CO 主要存在一个分布面积较广的高值区，位于北部（有时会分裂为北部和中部两个高值区域），还有一个较小的高值区域，位于西部，以区域为中心向其他地区递减。日变化以傍晚开始递增，11 时后开始明显递减。在污染过程中，12 月 27 日至次年 1 月 2 日均出现严重污染过程，最严重污染情况出现在 12 月 29 日和次年 1 月 2 日上午，高于 1400 μg/m^3 的区域出现在合肥中部西部地区。NO_2 在合肥中部存在一个分布面积较广的高值区，其他区域以高值区域为中心呈递减趋势。日变化呈傍晚开始递增，中午开始明显递减的变化趋势。在污染过程中，除 12 月 26 日均出现严重污染过程，最严重污染情况出现在 31 日上午，高于 150 μg/m^3 的区域出现在合肥中—东部的大部分地区，是最严重的一次 NO_2 污染。O_3 在合肥南部存在高值区域，在合肥中部存在大面积低值区域。日变化呈 08 时开始递增，直至 11 时达到峰值，傍晚开始出现明显递减的趋势。在污染过程中，均出现污染过程，最严重污染情况未高于 150 μg/m^3 的区域出现在合肥中部西部大部分地区。SO_2 分布有零星的高值区域，主要分布在合肥中部地区。日变化呈现 20 时开始递增，直至 08 时达到高值，11 时后开始明显递减。在污染过程中，12 月 27 日至次年 1 月 2 日均出现严重污染过程，最严重污染情况出现在 29 日上午，高于 250 μg/m^3 的区域出现在合肥中部地区。

从整体来看，O_3 主要由局地光化学反应产生，外来输送对其贡献不大。其他 3 种气态污染物（CO、SO_2、NO_2）受局地排放或外来输送共同影响。26 日 08 时至 27 日 23 时，合肥位于反气旋后部，受东风影响，来自华北和江浙地区的污染对 CO、SO_2、NO_2、PM 有输送贡献。28 日 05 时至 23 时，合肥受东风影响但风场弱，以本地排放为主。29 日 02 时至 30 日 17 时，西北风增强逐渐取代东风，来自华北、西北地区的污染对 CO、SO_2、NO_2、PM 有输送贡献。30 日 20 时至 31 日 20 时，合肥地区受反气旋控制，风场弱，主要以本地排放为主，但以东南风为主有来自江浙地区的污染物输送。次年 1 月 1 日 02 时至 2 日 08 时，偏东气流进一步增强，有来自江浙地区的污染物输送。1 月 2 日 11 时至 3 日 23 时，北风进一步增强，合肥受东北风影响，来自华北地区的污染对各污染物浓度有所贡献，但仍以本地排放为主。本地排放与外来贡献共同导致合肥市污染物浓度升高。

五次污染事件中，在合肥北部地区，偏东风和北风的出现概率较大，因此来自沪宁杭一带和华北地区的污染对合肥有较大贡献；但强北风对污染情况的减缓起到至关重要的作用。同时，反气旋出现概率也比较大，且在合肥南部地区，多次出现风场弱的现象，本地生产的污染物难以扩散，导致局部地区出现大面积高值区域。CO、SO_2、NO_2 多产生于合肥的北部和东部，O_3 多产生于南部，较少出现大面积污染；CO、PM 的污染过程与上游传输关系最为紧密。

第6章

合肥市地表通风潜力评估

6.1 计算方法

地表通风潜力由地表植被和建筑覆盖及周边开放区域程度而确定的空气流通能力，具体由天空开阔度和粗糙指数衡量。根据粗糙度长度和天空开阔度，按气象行业标准《气候可行性论证规范 城市通风廊道》(QX/T 437—2018)进行地表通风潜力等级划分(表6.1)。依据此计算结果进行绘图分析，得到规划城市地表通风潜力等级空间分布图，根据分布图可进行规划城市通风潜力高低的辨识。

表6.1 地表通风潜力等级划分

通风潜力类型	一级	二级	三级	四级	五级
粗糙度长度/m	>1	0.5～1	0.5～1	≤0.5	≤0.5
天空开阔度	—	<0.65	≥0.65	<0.65	≥0.65
含义	无或很低	较低	一般	较高	高

6.1.1 天空开阔度算法

采用Zakšek K. 提出的基于数字高程的栅格计算模型来估算SVF，计算的原理如图6.1所示。其中，天空可视立体角Ω、归一化后的天空可视立体角即天空开阔度SVF计算公式如下所示。

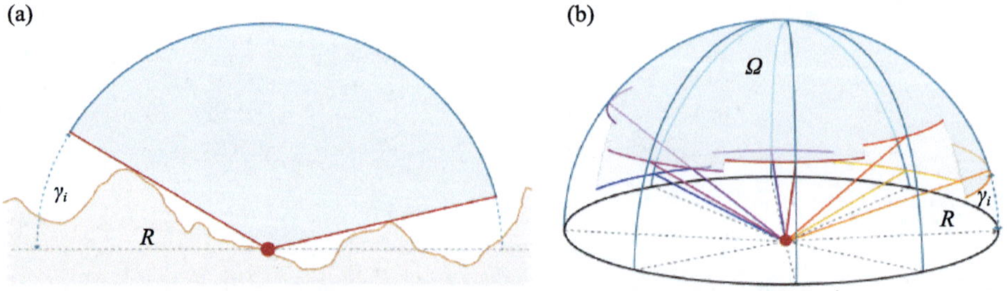

图6.1 天空开阔度计算示意图

这里，γ_i为第i个方位角时的地形高度角，R为地形影响半径，n为计算的方位角数目。建议n取值不应小于36，R取值不应小于20。

$$\Omega = \sum_{i=1}^{n} \int_{\gamma_i}^{\pi/2} \cos\varphi \cdot \mathrm{d}\varphi = 2\pi \cdot \left[1 - \frac{\sum_{i=1}^{n} \sin\gamma_i}{n}\right] \tag{6.1}$$

$$\mathrm{SVF} = 1 - \frac{\sum_{i=1}^{n} \sin\gamma_i}{n} \tag{6.2}$$

6.1.2 粗糙度算法

(1)形态学法获取植被地区粗糙度长度

对植被地区而言,可以 Raupach 提出的形态学模型方法来估算该区域的粗糙度长度。

$$\frac{Z_d}{Z_h} = 1.0 - \frac{1.0 - \exp[(-C_d \cdot 2\lambda_F)^{0.5}]}{(C_d \cdot 2\lambda_F)^{0.5}} = \left(\frac{\beta \cdot \Lambda}{2 + \beta \cdot \Lambda}\right)[1.0 - \alpha\gamma^{-1}\Lambda^{-1/2}] \tag{6.3}$$

$$\frac{Z_0}{Z_h} = \left(1.0 - \frac{Z_d}{Z_h}\right)\exp\left(-k\frac{U_h}{u_*} + \psi_h\right) \tag{6.4}$$

$$\frac{U_h}{u_*} = \gamma = (C_s + C_R\lambda_F)^{-0.5} \cdot \exp\left(\frac{c \cdot \lambda_F \cdot \gamma}{2}\right) \tag{6.5}$$

$$\frac{u_*}{U_h} = \left(\frac{u_*}{U_h}\right)_{\max} = \gamma_{\max}{}^{-1}\text{,当 } \lambda_F > \lambda_{F\max} \text{ 或 } \Lambda > \Lambda_{\max} \text{ 时} \tag{6.6}$$

$$\alpha = C_d\left(\frac{2b}{Z_h}\right)^{1/2} \qquad \beta = \frac{C_R}{C_s} \qquad \Lambda = 2\lambda_F$$

其中:Z_d 为零平面位移高度(m);Z_0 为粗糙度长度(m);Z_h 为粗糙元高度(m);Z_d/Z_h 为归一化的零平面位移高度;Z_R/Z_h 为归一化的粗糙指数;λ_F 为单位地表面积上粗糙元迎风面积比;Λ 为单位地表面积上粗糙元冠层面积指数(对各向同性粗糙元有 $\Lambda=2\lambda_F$);ψ_h 为粗糙层影响函数,一般取值 0.193;C_s 为地表阻力系数,一般取值 0.003;C_R 为粗糙元阻力系数;c 为粗糙元遮阴系数;b 为粗糙元冠层宽度;C_d 为经验系数;U_h 为风速;u_* 为摩阻速度(或剪切速度);k 为卡曼常数($k=0.4$)。

采用植被覆盖类型来确定 C_R、C_s(或 β)、α、c、$\left(\frac{u_*}{U_h}\right)_{\max}$(或 $\gamma_{\max}$)、ψ_h 和 $\Lambda_{\max}$5 个模型参数,如表 6.2 所示。

表 6.2 植被地区形态学模型中的参数取值

MODIS 植被覆盖类型	C_R	$\left(\frac{u_*}{U_h}\right)_{\max}$	c	α	$\Lambda_{\max}$
常绿针叶林	0.14	0.29	0.18	1.80	3.2
常绿阔叶林					
落叶针叶林					
落叶阔叶林					
混交林					
木质稀疏大草原					

续表

MODIS 植被覆盖类型	C_R	$\left(\frac{u_*}{U_h}\right)_{max}$	c	α	Λ_{max}
草地	0.23	0.32	0.28	1.53	2.3
稀疏大草原					
永久湿地					
农田	0.11	0.26	0.17	2.46	3.0
镶嵌混合农田					
稀疏灌丛	0.36	0.23	0.59	1.60	0.76
密闭灌丛					
Raupach 方法(1994)	0.30	0.30	0.37	—	0.60

植被冠层面积指数 Λ 采用下面方法计算：

$$\Lambda \cong I_g + I_s \tag{6.7}$$

$$I_s^n = \max\{ \mid \alpha I_s^{n-1} + \max(I_g^{n-1} - I_g^n, 0)] I_{s,\min} \} \tag{6.8}$$

其中 I_g 为绿色叶面积指数，即常见的叶面积指数(LAI)；I_s 为干枯叶面积指数，包含树的茎干面积指数和枯萎凋落的叶面积指数；n 代表月份；I_g^n 代表第 n 月份的绿色叶面积指数；$I_{s,\min}$ 为不同植被覆盖类型的月最小干枯叶面积指数；$1-\alpha$ 代表每月枯叶凋落率。$I_{s,\min}$ 和 α 可根据植被覆盖类型确定(表 6.3)。绿色叶面积指数 I_g 可通过遥感反演得到，可直接利用 EOS/Terra 卫星的 MODIS 叶面积指数产品 MOD15A2(第 5 版本)，可从美国国家航空与航天局网站(http://reverb.echo.nasa.gov)免费下载获取。

表 6.3 不同植被覆盖类型的植被冠层面积比(Λ)

MODIS 土地覆盖类型	α	$I_{s,\min}$
建筑	0	0.1
裸地	0.5	1.0
农田	0	0.1
镶嵌混合农田	0.25	0.5
草原/草地/灌丛/林地/湿地	0.5	1.0

Z_h 的估算包括森林地区和平原农田区。对森林而言，可采用美国卫星 GLAS(地球科学激光测高系统)反演的全球 1 km 空间分辨率的森林植被高度数据，可以从美国国家航空与航天局地球观测数据信息中心网站(http://webmap.ornl.gov/wcsdown)免费下载获取。对平原农田区而言，其高度在不同季节基本上是固定的，可以通过当地农业气象观测结果或文献查阅得到。

(2)城市地区粗糙指数

对城市地区，采用 Grimmond 建立的形态学模型进行估算：

$$\frac{Z_d}{Z_h} = 1.0 - \frac{1.0 - \exp[(-7.5 \times 2 \times 0.8 \times \lambda_p)^{0.5}]}{(7.50.8 \times \lambda_p)^{0.5}} \tag{6.9}$$

$$\frac{Z_0}{Z_h} = \left(1.0 - \frac{Z_d}{Z_h}\right)\exp\left(-0.4 \times \frac{U_h}{u_*} + 0.193\right) \tag{6.10}$$

$$\frac{u_*}{U_h}=\min[(0.003+0.3\times0.8\times\lambda_p)^{0.5},0.3] \tag{6.11}$$

式中同名变量含义同前，λ_p 为建筑覆盖率，Z_h 为建筑物高度。根据上式估算不同建筑覆盖率和不同高度下的城市地区粗糙度长度。

6.2 结果分析

利用上述方法以及项目研发的《城市气象生态指标计算》软件系统，计算得到合肥市现状的天空开阔度、地表粗糙度，再根据表 6.1 确定合肥市现状的地表通风潜力(图 6.2—图 6.4)。

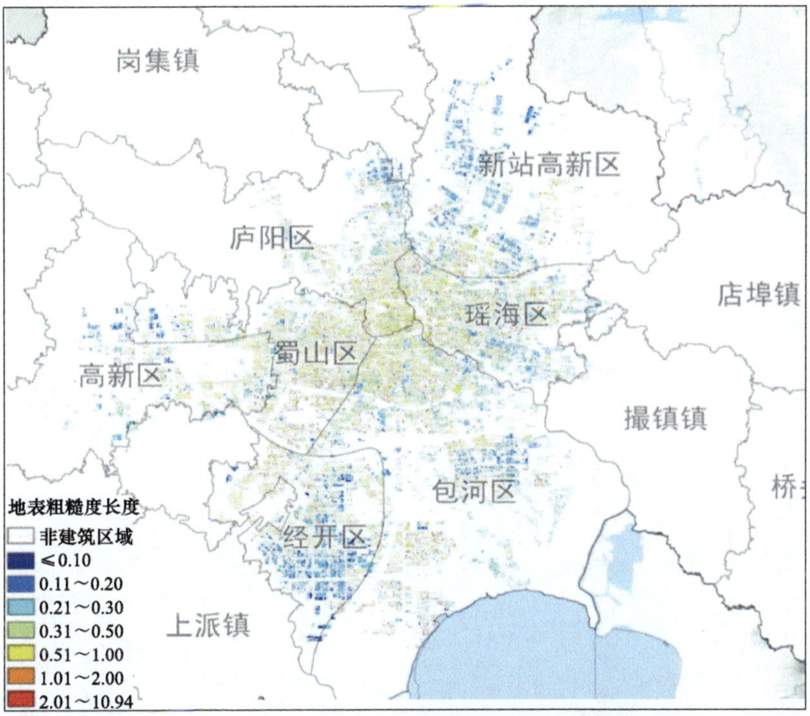

图 6.2 合肥市现状的地表粗糙度分布图

从地表粗糙度总体分布来看(图 6.2)，合肥市主城区由内向外逐渐减小。由于经开区、新站高新区、高新区等开发区的建筑密度和高度均较低导致地表粗糙度较低(基本<0.5)，而主城区内部多为建筑密度及高度均较高的商业和居住地块，因此地表粗糙度较高(0.5～1)。

合肥市主城区大部分地区的天空开阔度普遍低于 0.6，主要分布在主城区集中建设区内部，而合肥主城区边缘、城郊以及主城区内部的环城河一带的天空开阔度基本高于 0.7(图 6.3)。

根据天空开阔度和地表粗糙度计算结果，并结合表 6.1.1 得到合肥市现状的地表通风潜力分布(图 6.4)。总体来看，合肥城区通风潜力高的地区占 85.8%，主要分布在海拔较高的区域、低矮植被覆盖的区域、较为开阔的水域以及其他大型开敞空间。通风潜力较高的地区占 10.5%，为内城公园、零散分布的村镇，以及低强度开发的城郊接合部；通风潜力较低的地区占 0.7%，分布在城市规模控制较好且较为孤立的中小城镇，以及绕城以内平均建筑高度较低、建筑密度适中的非核心城区。而通风潜力很低的地区占1%,通常为建筑体量较大,建筑排列紧密、开放空间较少的核心城区,以及建筑高度单一且连片分布的大型居住区。

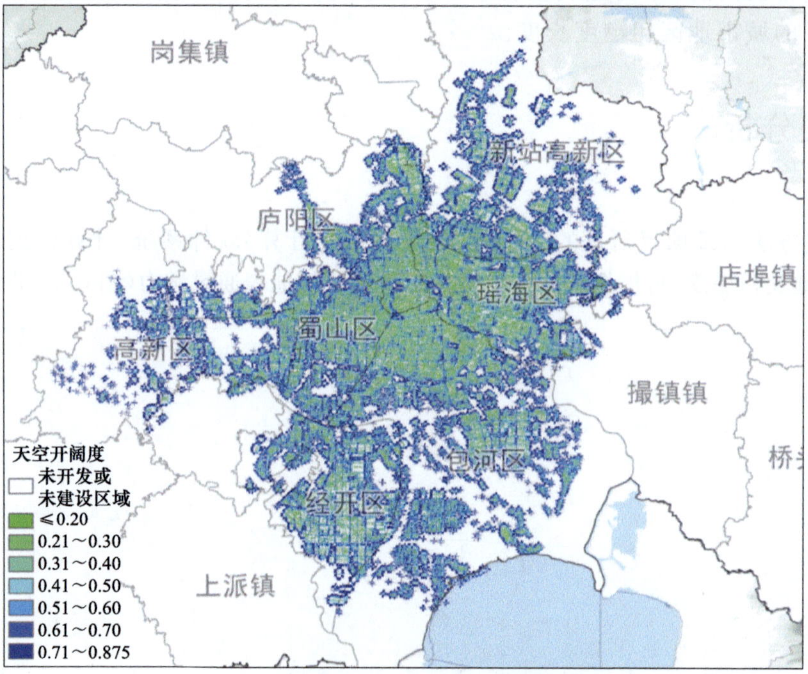

图 6.3　合肥市现状的天空开阔度分布图

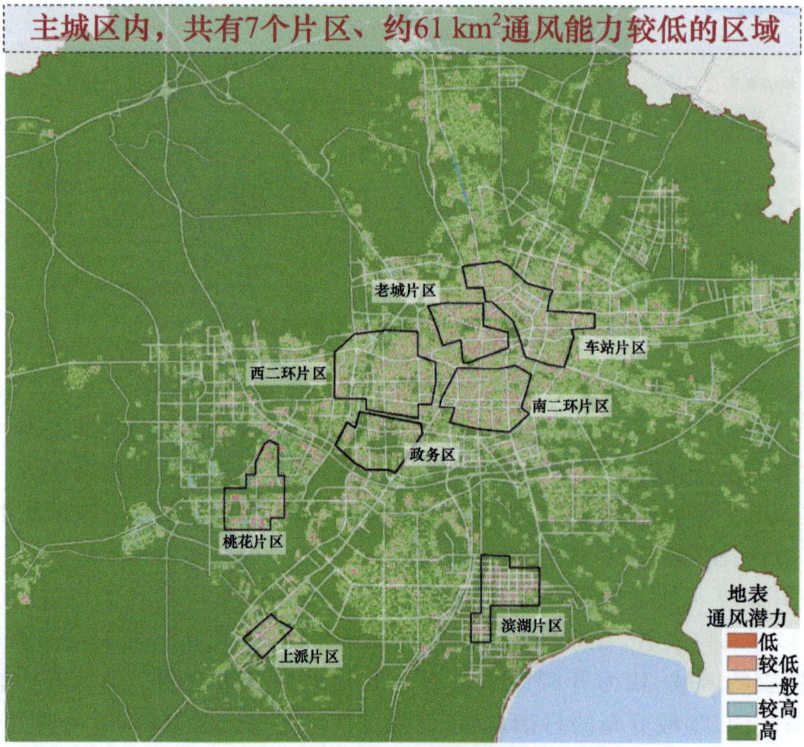

图 6.4　合肥市现状的地表通风潜力分布图

下 篇

城市通风廊道规划

第7章

城市通风廊道规划技术路线

城市通风廊道规划技术路线如图 7.1 所示。具体如下：

1. 问题和目标：通过城市建设的风环境、热环境、大气环境评估，从通风角度找出城市建设的问题；基于气象行业标准《气候可行性论证规范　城市通风廊道》(QX/T 437—2018)、结合合肥的实际，创新构建量化评估体系、提出通风廊道规划建设的目标。

2. 分级构廊道：基于通风潜力评估，以“顺应主导风、切割热岛链、冲散污染物、串联生态源”为原则，以“破立并举”的方法，科学构建通风廊道总体格局。

3. 分类优布局：区别对待建成区和未建区。建成区重在找问题，针对通风不畅的现状建成区，应结合城市更新，按照有利于城市通风的建筑布局模式逐步更新现有区域，实现通风能力的提升；规划未建区重在预控，基于规划研究结论，对相关规划尤其是城市总体规划和生态网络规划提出优化和改善建议，增强规划的气候适宜性。

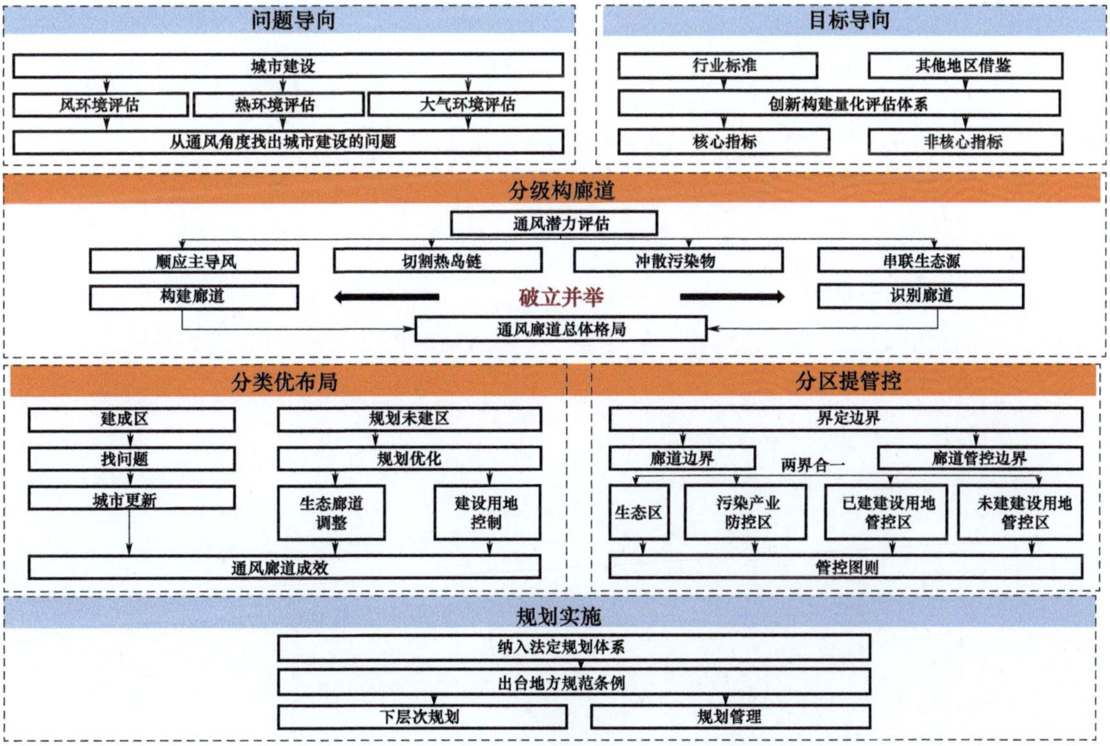

图 7.1　城市通风廊道规划技术路线图

4. 分区提管控：不同于其他地区通风廊道规划，本次规划研究将清晰界定管控边界，而非提出一个不便于管理实施的“沿线区”。规划研究将廊道边界及其影响区域统一成一条管控边界，并划分成“生态管控区、污染产业严控区、已建建设用地管控区、未建建设用地管控区”四个区域，通过管控图则的形式制定详细的管控细则。

5. 规划实施：通过城市总体规划及相关法定规划纳入实施管控体系，并通过出台地方规范条例的方式，将城市气候管控要求法定化，促进对下层次规划尤其是详细规划的指导。

第8章

现状认识

8.1 城市发展回顾

8.1.1 城市发展史

合肥，古称“庐州”“庐阳”。1945年抗战胜利后，国民政府将安徽省省会迁至合肥县，合肥成为安徽省的省会。1949年1月21日，合肥县和平解放，同年2月，合肥设市。1952年，安徽省人民政府正式在合肥市成立。1952年8月17日，中央人民政府批准合肥市为省辖市和安徽省省会。

在近70年的发展历程中，走出了一条鲜明的城市特色之路。城市发展是一个动态过程，合肥市城市空间发展历程可以简要概括如下。

(1)1950年代—1970年代

从1956年以来，合肥市在城市建设上明确了“重点改造老城，逐步向外扩展”，初步形成了以老城区为中心向外伸展的基本布局(图8.1和图8.2)。1958年的规划，明确提出了以老城区为中心，向东、北、西南方向三翼伸展的三叶“风扇形”空间布局。由于合肥自身条件的薄弱和时代背景的制约，这一阶段主要集中在城市基础设施改造上。同时，城市空间得到了一些初步的拓展。

图8.1 1960年代长江路周围老城区

图 8.2　1960 年代包公园周围

(2)1980 年代

合肥市显著的发展始于 1979 年,同年编制的"合肥市总体规划(1979—2000 年)"于 1982 年得到国务院批复。总体规划结合合肥市自然地形、主要工程设施的布局以及实际状况,保持三叶伸展格局,重点向西南方向发展。三叶"风扇形"布局被全国规划界誉为"合肥模式",1984 年获得全国优秀规划二等奖(一等奖空缺),从而被载入新中国城市规划史册。

合肥市区图这时期的城建工作主要集中在大规模的旧城改造上(图 8.3),城市空间环境呈现了协调发展的局面。在这一阶段,一个十分重要的城建活动是利用环绕老城的城墙与护城河遗址建设著名的城市绿色"项链"——环城公园,从而形成了城、园结合的核心体系。合肥市的城市形象因为环城公园的建设而得以确立。

图 8.3　1980 年代西园新村周围

(3)1990 年代

自 1990 年以来,合肥市在各个方面均得到了全面发展。这个阶段,以老城区为核心,向东、北、西南方向伸展的三叶形城市形态得以实现。环城公园成为新市区与老城区之间的生态缓冲带,从城市东南、西北、东北向楔入城市的自然绿地环境与城市融为一体,多层次的绿化体系构成了园林城市宜人的生活空间，向人们展示了一幅了“城在园林中、园林在城中”的城园交融图景(图 8.4 和图 8.5)。1992 年合肥被评为全国首批三个园林城市之一。

图 8.4 1990 年代二次改造后的长江路

图 8.5 1990 年代芜湖路

(4)21 世纪

合肥市在 20 世纪的 50 年里，自身的成长显著，特色鲜明，一个规模适宜、俨然自得的园林城市彰显。在空间开拓与空间结构上，合肥要跳出原有格局，同时延续园林城市特色、营造生态城市。中国城市规划设计研究院提出合肥的空间战略之重点是“沿湖建城”与“引湖入城”，跳出环城圈层发展的局限，拓展到巢湖之滨，形成发散结构之“新三叶”城市空间格局和环湖生态体系。从 2003 年开始，合肥进入了一个 15 年的快速发展期(图 8.6)。

图 8.6 2018 年的合肥

8.1.2 规划变革史

合肥市从 1952 年确立为省会城市以来，先后经历了六版城市总体规划、前东德专家方案

(图 8.7)、合肥市城市规划图(1958 年)(图 8.8)、合肥市总体规划(1979—2000 年)(1882 年国务院批复)(图 8.9)、合肥市总体规划(1991—2000 年)(局部调整,1992 年国务院批复)(图 8.10)、合肥市总体规划(1995—2010 年)(1999 年国务院批复)(图 8.11)、合肥市城市建设规划(2006—2010 年)(图 8.12)、合肥市总体规划(2011—2020 年)(2016 年国务院批复)(图 8.13)。当前《合肥市国土空间规划(2021—2035 年)》已编制完成,待国务院批复。

(1)前东德专家方案——理想化组团式布局

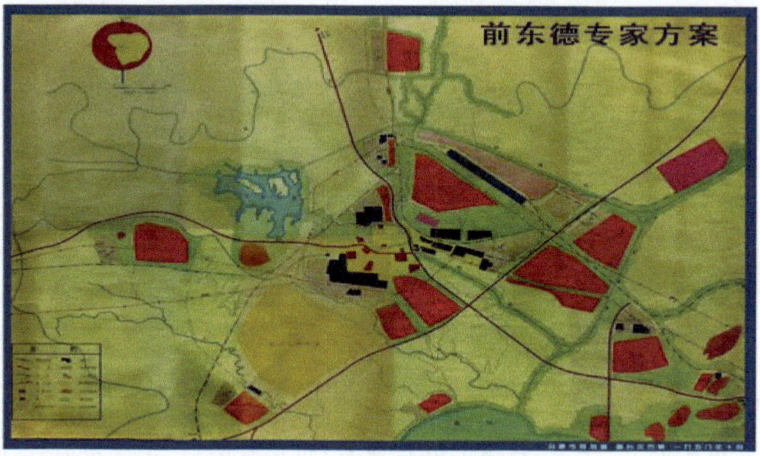

图 8.7 前东德专家方案

规划特点:理想化的组团式布局,预留了极宽的绿化开敞空间(组团间廊道宽平均为 3 km),形成了风扇状的城市形态;但是这种理想格局也会带来公共服务成本的大幅提高。

(2)从 1958 年城市规划方案到 1995 年总规修编——以老城为中心,城市空间三翼拓展

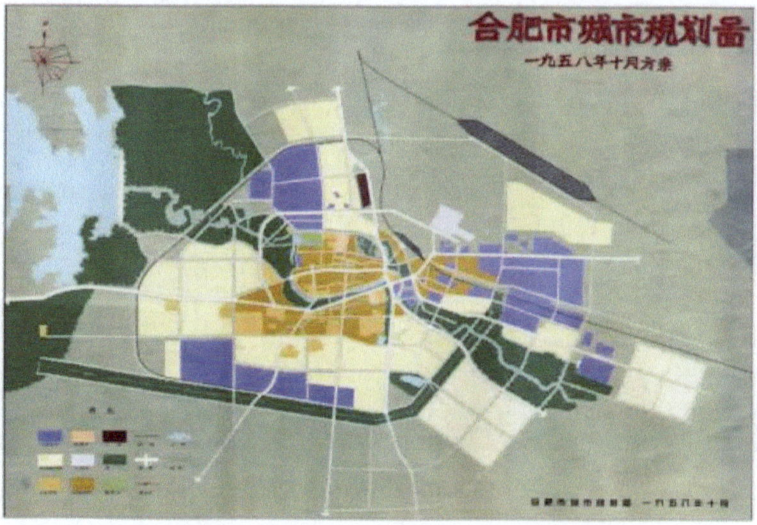

图 8.8 1958—1967 版城市总体规划

1958 年的城市规划图,规划到 1967 年人口 55 万,用地 50.7 km^2。作为全省的政治、文化和经济中心,定位为一座以纺织工业为主的生产城市。在城市结构和空间拓展上,规划奠定了

合肥市以老城为中心，向东、北、西南三翼伸展的三叶“风扇形”基本布局形态。

1982 年经国务院批准执行的“合肥市总体规划(1979—2000 年)”，城市三叶“风扇形”空间格局得到肯定并逐步形成，旧城改造与环城公园建设，城市空间向外生长。由于城市建设的快速发展，1991 版规划对 1979 版总规进行了局部调整，主要集中在人口与用地指标上，人口与用地规模分别达到 100 万人和 100 km^2(1979 版为 70 万人和 77.7 km^2)。

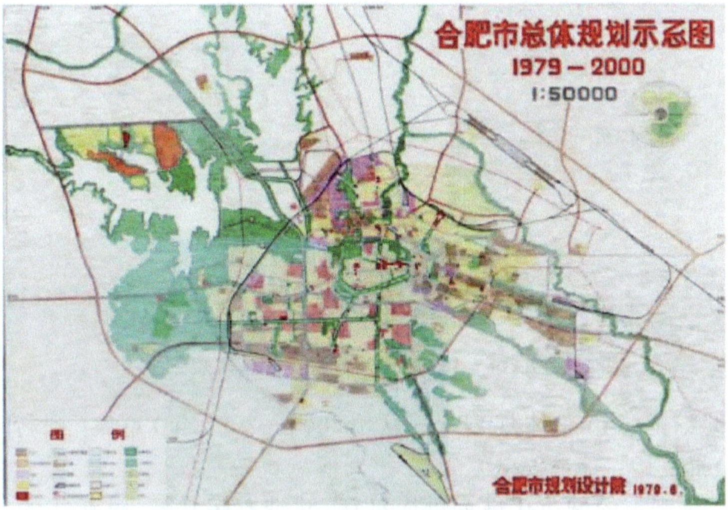

图 8.9　1979—2000 版城市总体规划

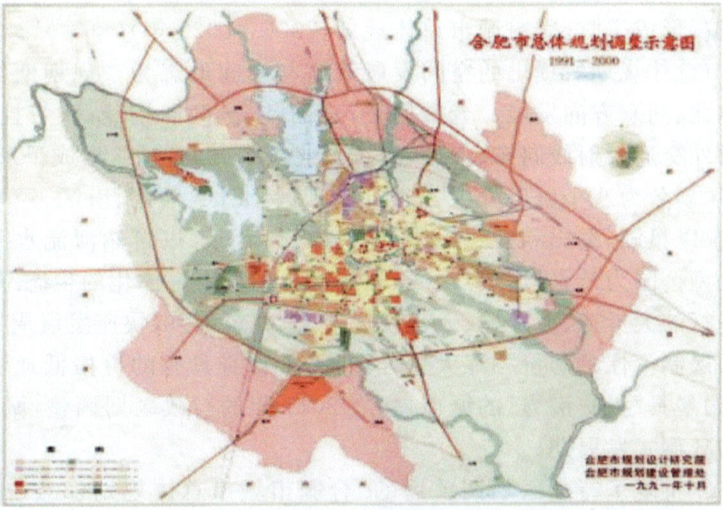

图 8.10　1991—2000 版城市总体规划

到 1990 年代中期发展目标已经实现，人口和用地规模又已突破。1995 年，合肥市开始进行总体规划修编，形成“合肥市总体规划(1995—2010 年)”，仍然是继续保持“风扇形”城市用地形态，主要向西南发展，适当向东、西两个方向发展，控制向北过度发展。城市总体布局为“多中心、组团式”，中间用田园楔入，以改善城市生态环境。这次规划主要是在以前的基础上进行用地拓展。

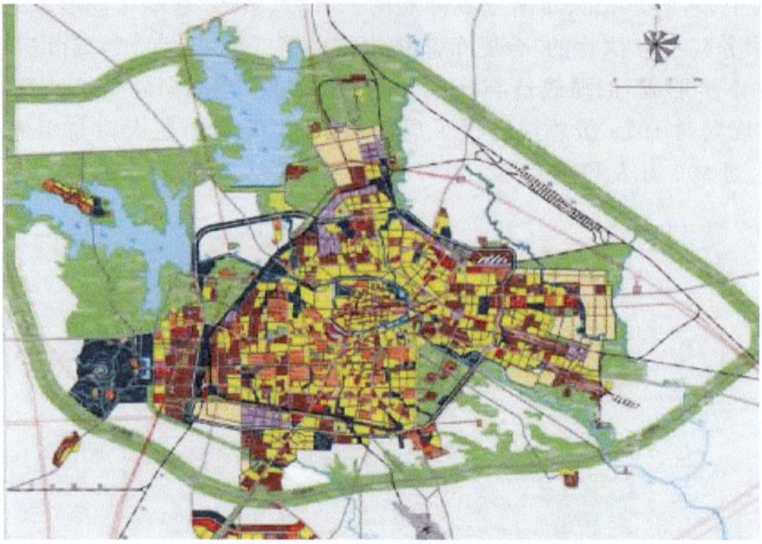

图 8.11　1995—2010 版城市总体规划

(3)进入 21 世纪的城市总体规划——从“(2006—2020 年)草案”到行政区划调整后的“(2011—2020 年)批复版”

进入 21 世纪,合肥市的城市化进程更加迅猛,并带有超常规、跳跃式的发展。“合肥城市总体规划(1995—2010 年)”所确定的社会、经济及城市建设的各项目标到 2005 年底均已实现或突破。合肥市人民政府委托中国城市规划设计研究院和合肥市城市规划设计研究院对城市总体规划进行修编,形成了“合肥市城市总体规划(2006—2020 年)(草案)”。

这一轮的城市总体规划所提出的空间发展策略与空间形态为:“规划期内城市主要向西、向南发展,适当向北、向东方向发展。老城提升,三面整合,两向拓展,两带控制。城市以老城为中心,沿几条对外交通放射线向东、南、西南、西、北五个方向伸展,形成星形的空间形态。”总体规划将中心城区划分为八个城市分区:老城区、东区、北区、西区、南区、经开区、高新区和滨湖新区。绿地系统以巢湖、蜀山和紫蓬山风景名胜区为背景,以自然河流水系、交通走廊防护绿地为纽带,以大型公园为节点,形成点、线、面相结合的城乡一体化的生态绿地系统。合肥市从 2005 年开始进行的大拆违、大架构、大建设这一“求大求强”的快速发展周期,与席卷中国大地的房地产风潮、遏制不住的房价飞涨大势合拍,由于自身具有的价格低地和上升空间,合肥甚至一度成为全国最具“投资潜力”的城市,加之 2011 年的行政区划调整,城市从 2006—2015 年经历了 10 年的狂飙式发展期。

国务院 2016 年批复了行政区划调整后的“合肥市城市总体规划(2011—2020 年)”,将合肥定位为长三角城市群副中心城市、国家重要的科研教育基地、现代制造业基地和综合交通枢纽,城市定位实现了质的跃迁。中心城区人口和建设用地规模分别达到 360 万和 360 km^2。中心城市主要向西部、南部两个方向拓展。城市西部以建设国家科技创新试点市为契机,高新技术开发区向西拓展,建设科技创新示范基地。城市南部结合巢湖生态环境综合治理,建设生态滨湖新区。重点向南发展滨湖新区,城市形成组团式空间形态。

通风廊道与其发展初期的方法和尺度是不一样的。传承城市生态文明理念、重塑经典,寻找适合当下的通风廊道构建方式是本次研究关注的重点。

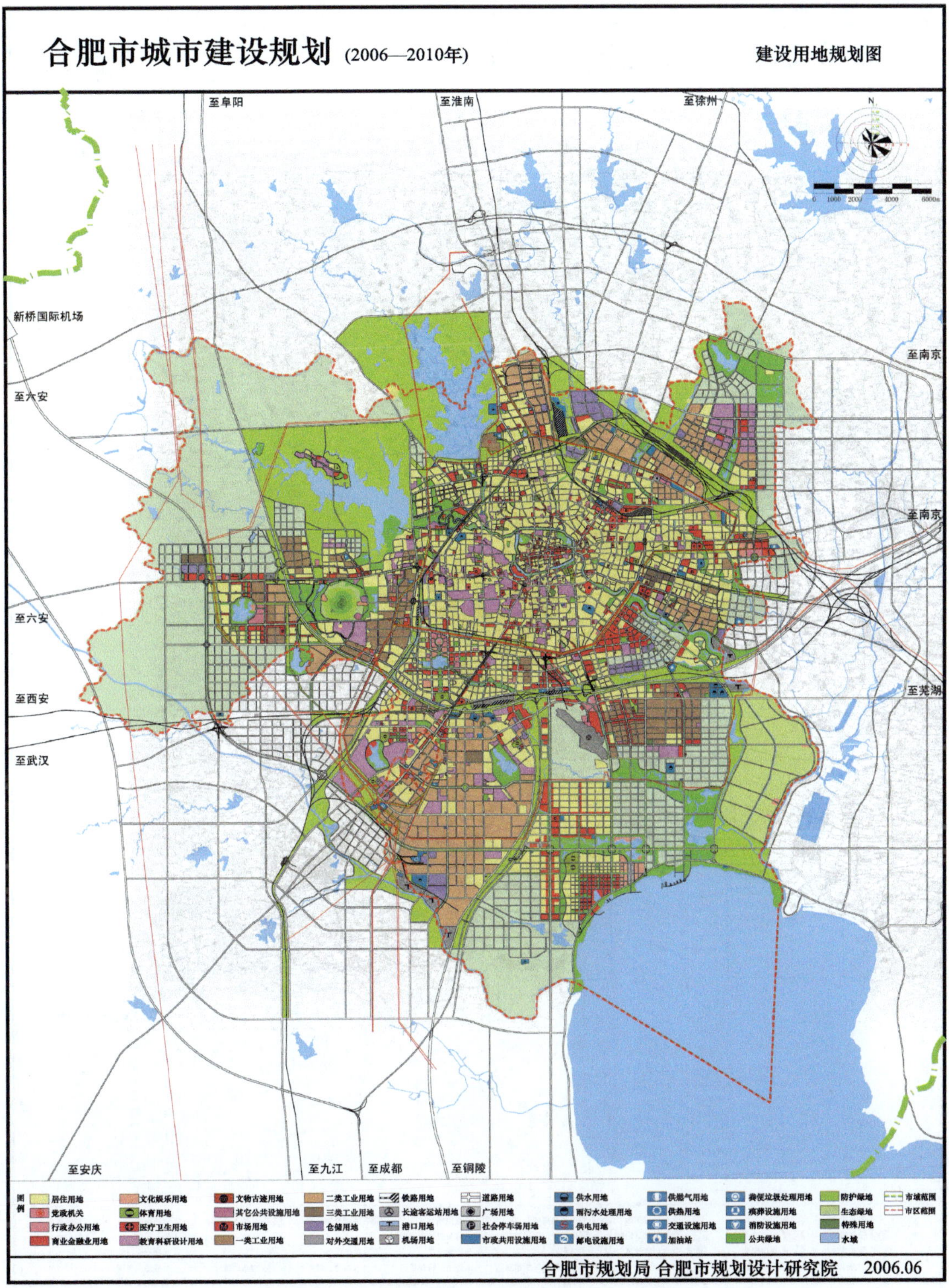

图 8.12 合肥市城市建设规划(2006—2010 年)

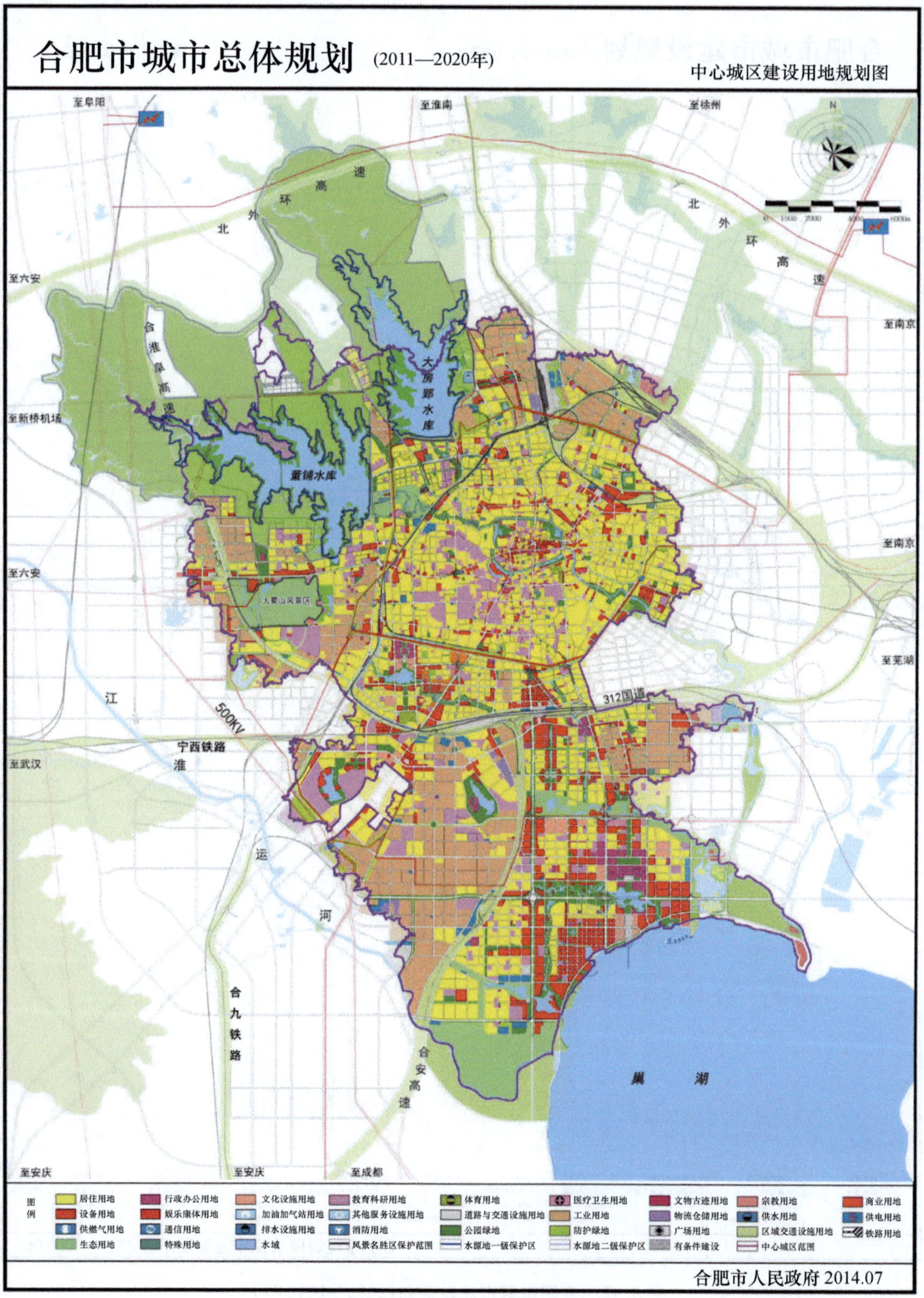

图 8.13　2011—2020 版城市总体规划

8.2 现状城市建设

8.2.1 现状用地增长分析

(1)2000 年以前，基本形成以老城区为中心，向东、北、西南三翼式拓展的三叶“风扇状”空间格局(图 8.14)。城市建设主要围绕旧城改造、环城公园建设。主要拓展方向围绕西南，适当向东、西两个方向发展，控制向北过度发展。其中，自 1991 年至 2001 年，城市建设用地年均增长约 3 km²；从土地利用分布来看，整体上这十年间变化较小(图 8.15 和图 8.16)。

图 8.14　1991 年合肥建设用地现状图(106 km²)

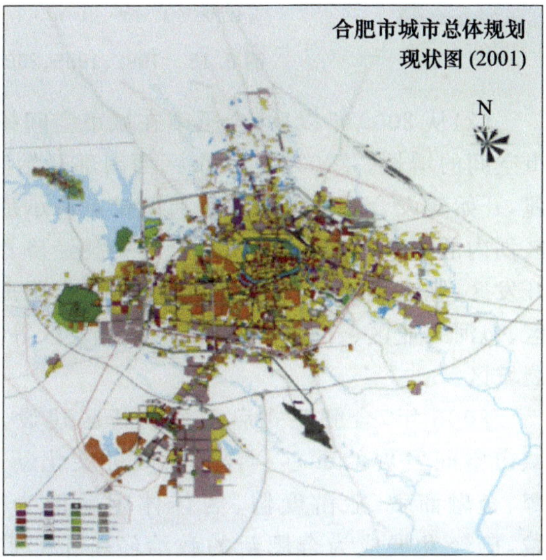

图 8.15　2001 年合肥建设用地现状图(145 km²)

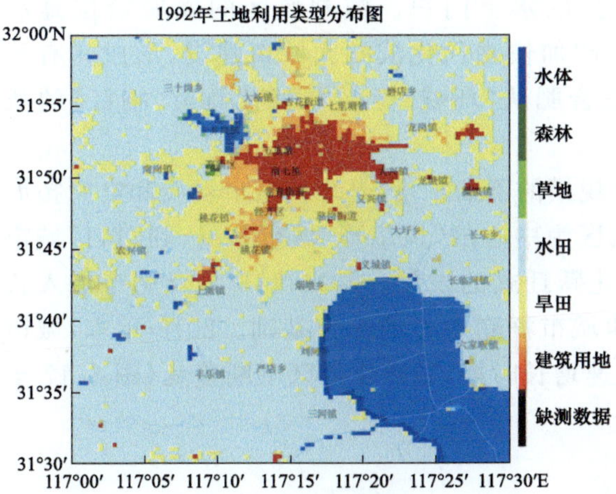

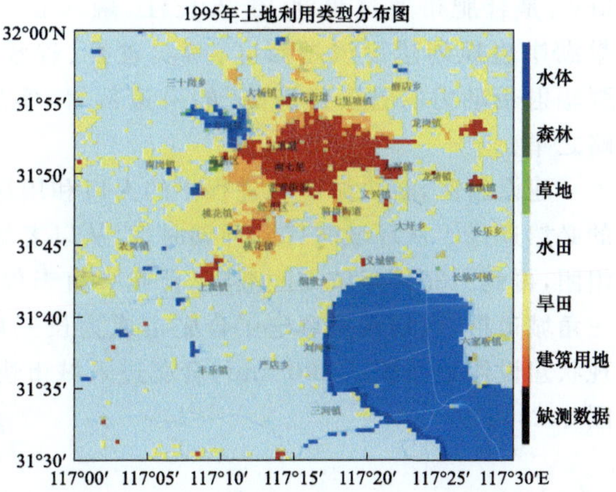

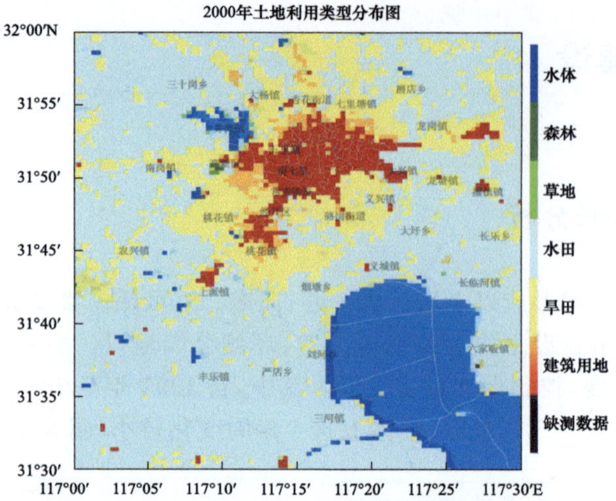

图 8.16　1992、1995、2000 年土地利用类型分布变化图

(2)从 2000 年以后，合肥市在城市空间拓展上依托新区建设，调整城市结构，力求促进城市空间的增长。2002 年，在市区西南部开始启动建设政务文化新区；2004 年，在西郊大蜀山西麓，开始建设合肥国家科技创新型试点市示范区，跳出 312 国道进行空间拓展。目前合肥行政区划内的省级开发区，主要有合肥巢湖经济开发区、居巢经济开发区、合肥庐江高新技术产业开发区、肥东经济开发区、桃花工业园、合肥蜀山经济开发区、双凤经济开发区、瑶海经济开发区、包河工业区、合肥庐阳经济技术开发区等。由此可以看出，合肥市正在不同方向上大力拓展城区。

2006 年，合肥正式启动滨湖新区建设。政务新区和滨湖新区已经成为合肥 21 世纪城市空间发展的重心。合肥市政务文化新区规划面积 12.67 km^2，是集行政办公、文教体育、金融商贸、旅游度假、居住休闲功能为一体，独具人居生态特色的魅力新区、时尚之城，已经发展成为合肥新的政治经济中心和商业文化中心，具有区位优势突出、基础设施完善、文化氛围浓厚、发展潜力巨大等特点，经过 15 年左右的建设，将成为合肥的新“名片”与经济发展示范区。滨湖新区位于中国第五大淡水湖巢湖之滨，总用地面积约 491 km^2，是合肥市通过巢湖、走入长江、融入长三角的水上门户。滨湖新区的发展定位是沿巢湖岸边规划建设滨湖新区，落实省委、省政府“加快现代化滨湖大城市建设，形成具有较强辐射带动力的省会经济圈”的决策部署，实现合肥从“环城”走向“滨湖”乃至“临江”的战略之举。

建设新区，解决城市化进程中的人口和用地规模的不断扩增，是现代城市发展和空间拓展的必然选择。从环城时代到环湖时代，从以老城区为中心的“风扇形”城市布局，到“141”城市组团，再到“1331”市域空间战略，合肥一直未停止跃迁式的发展。2014 年 9 月合肥市加入长三角城市群，区划调整奠定了合肥市成为长三角城市群副中心的综合基础。2018 年末，城市现状建设用地面积达 400 km^2；合肥进入城市快速增长时期，城镇化地区不断蔓延(图 8.17 至图 8.20)。

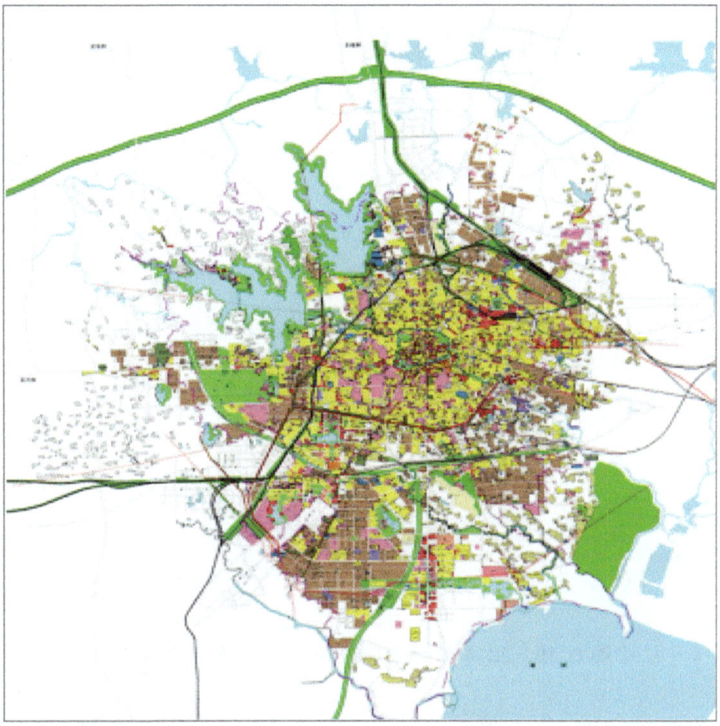

图 8.17 2011 年合肥建设用地现状图(304 km²)

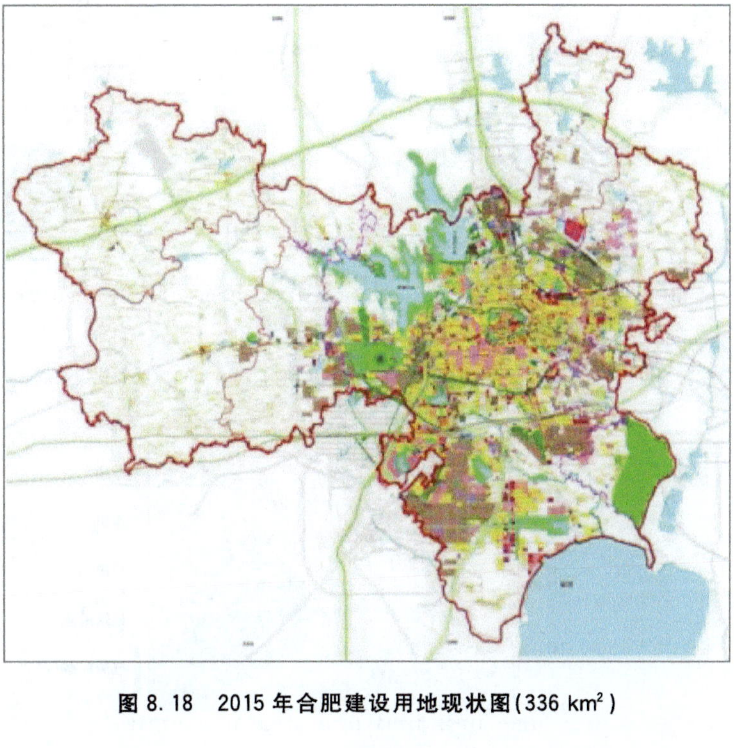

图 8.18 2015 年合肥建设用地现状图(336 km²)

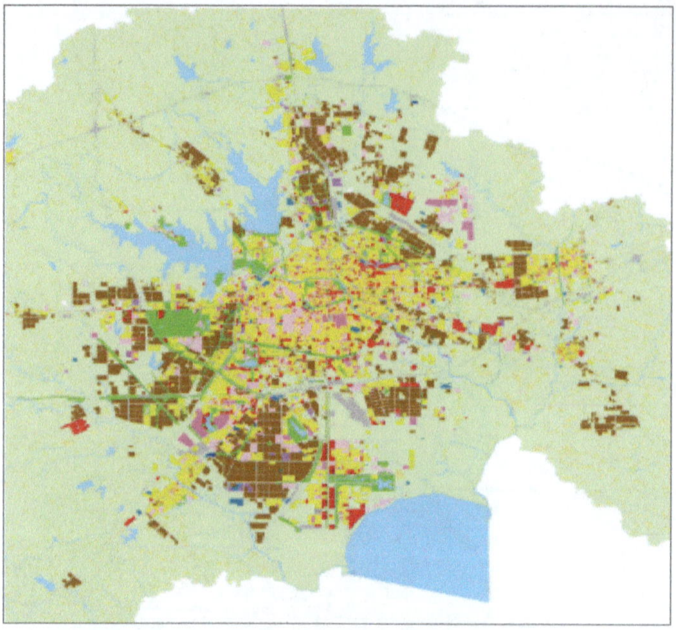

图 8.19　2018 年合肥建设用地现状图(400 km^2)

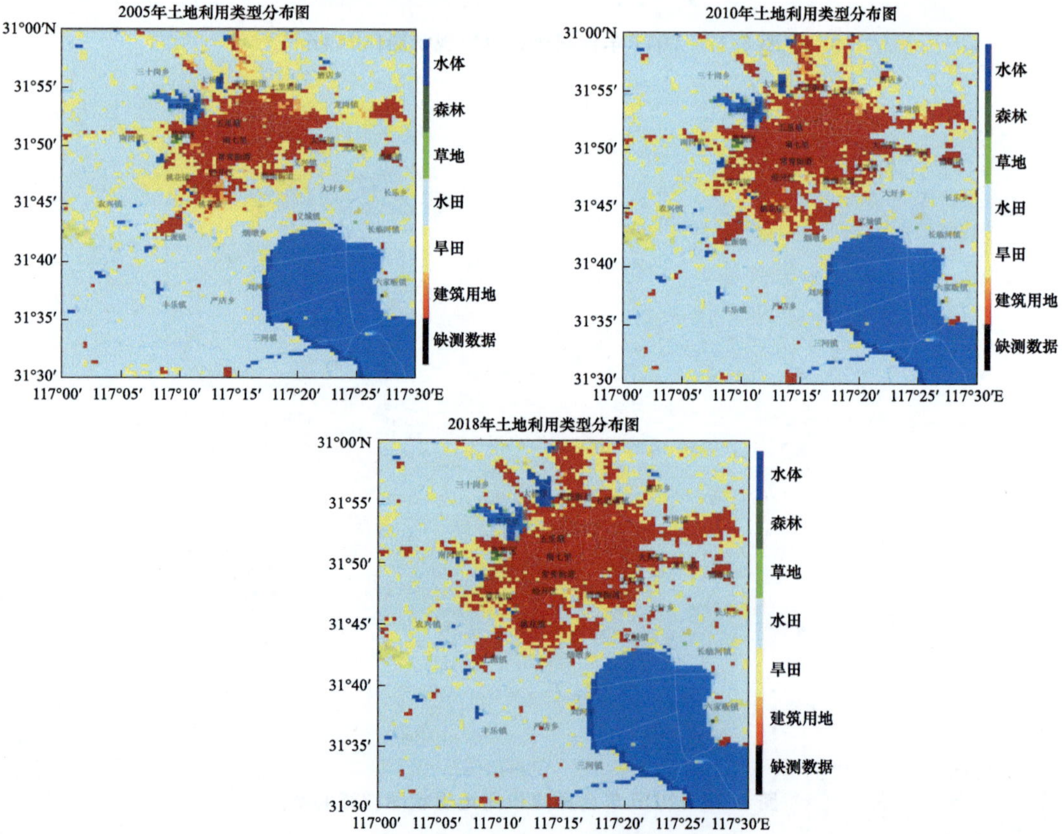

图 8.20　2005、2010、2018 年土地利用类型分布变化图

可以看出，自 2000 年以来合肥发展迅速，摊大饼的扩展模式降低了巢湖及主要生态源与城市的连通程度，通风廊道被阻断或者被挤占，热岛效应开始显现。自 2000—2018 年间，年均建设用地增长约 14 km^2。1992—2018 年间，合肥市草地、水田、旱田面积减少约 230 km^2。其中，以 2000—2018 年间变化最为显著。

8.2.2 城市空间拓展方向

城市空间覆盖范围不断增长，主城区空间向外围五个方向拓展(图 8.21 和图 8.22)：

(1)向南：滨湖片区增量较大，占 24%；

(2)西南：经开区南部地区，占 21%；

(3)向东：瑶海新中心、肥东一体化发展，占 13%；

(4)向北：北部空间的充实完善，占 16%；

(5)向西：蜀山区、高新区增量较大，共占 26%。

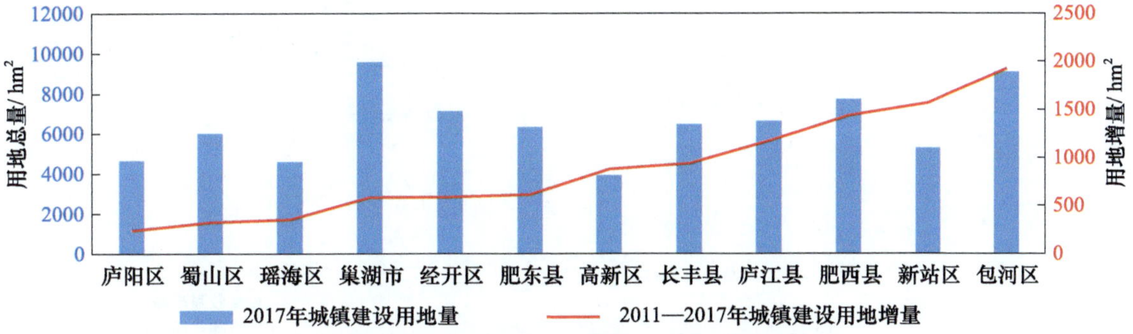

图 8.21 合肥各区县城镇建设用地总量与增量

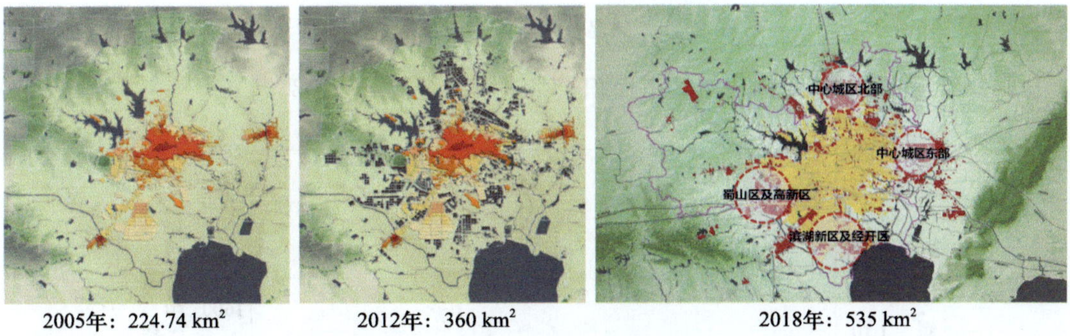

图 8.22 2005、2012、2018 年合肥城市建设空间主要拓展方向

8.3 合肥市气候环境特征及其与城市建设相关性

根据上篇分析，将合肥市气候环境特征总结如下。

(1)温度：地面气象观测表明，中心城区气温高于郊区及邻近水体(科学岛、滨湖等地)的区域，热岛效应明显。卫星遥感资料反演结果表明，合肥经开区、包河工业园、双凤经开区是市区热岛密集区域(图 8.23)。合肥自 1990 年代开始工业区迅速扩张，由于过于强调土地集约节约利用，工业区高密度的生产厂房、极低的绿化覆盖是导致城市热岛效应的重要原因。与此同时，工业厂区内部工业生产产生废热、污染气体较多，环境质量较差，这也是工业园区下垫面普遍温度较高的原因。

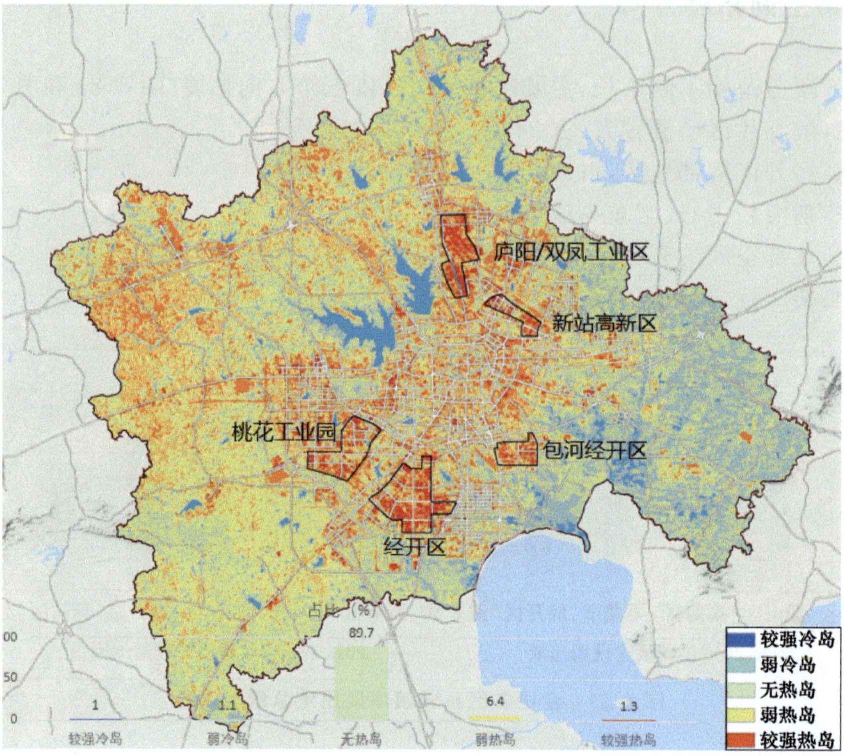

图 8.23　热岛反演合肥主城区分析图

从时间维度来看，温度升高与城市面积扩张进程十分吻合(图 8.24)。

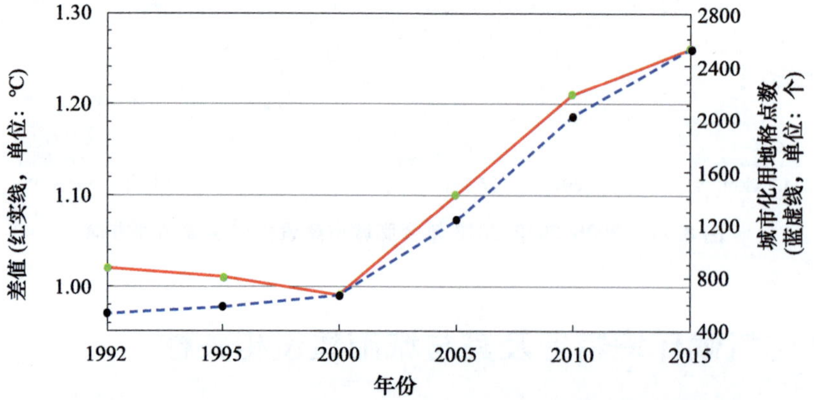

图 8.24　1992—2015 年城区平均气温随城市化进程的演变曲线图

(2)降水:汛期降水量、暴雨日数和小时最大雨量均为中心城区多、外围乡镇少,这与其城市建设集中、工业化发展、热岛出现密不可分。

(3)湿度:中心城区空气湿度为城郊地区的 90%,呈现出一定的“干岛”效应。

(4)能见度与空气质量:中心城区能见度为下辖县市的 70%左右,空气质量明显差于县城,呈现出明显的“浑浊岛”效应。各类污染物浓度在中心城区范围内最高,平均高出外围乡镇地区 33%,这与中心城区内人口集中、汽车量大、生产企业密集有直接关系。此外,合肥近年来空气质量达到优良的天数有所增加,$PM_{2.5}$、PM_{10} 及 SO_2 浓度明显下降,但主要污染物中 NO_2、CO 和 O_3 浓度显著上升。模式模拟表明,合肥受东南气流影响,期间偶然存在吹向合肥的东南风,对 CO、NO_2、$PM_{2.5}$ 的污染产生一定影响。

(5)风:考虑到夏季城市热岛效应及冬季雾霾影响,规划研究重点关注冬夏两个季节的主导风向。夏季合肥主导风为东南风、冬季主导风为东北风。

地面气象观测表明,中心城区风速普遍小于郊区。WRF 模拟的大尺度风环境表明,城区风速较之外围呈有序递减的状态,其中夏季东南风,城区风速较外围减小约 2.0 m/s,风速削弱百分比达 46.9%;冬季东北风,城区风速较外围减小约 3.5 m/s,风速削弱百分比达 50.8%(图 8.25 至图 8.28)。

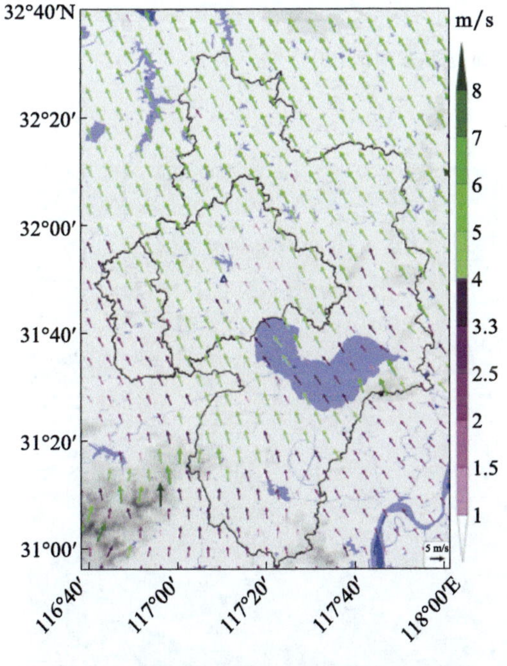

图 8.25 近地面夏季东南风(2018 年 7 月)

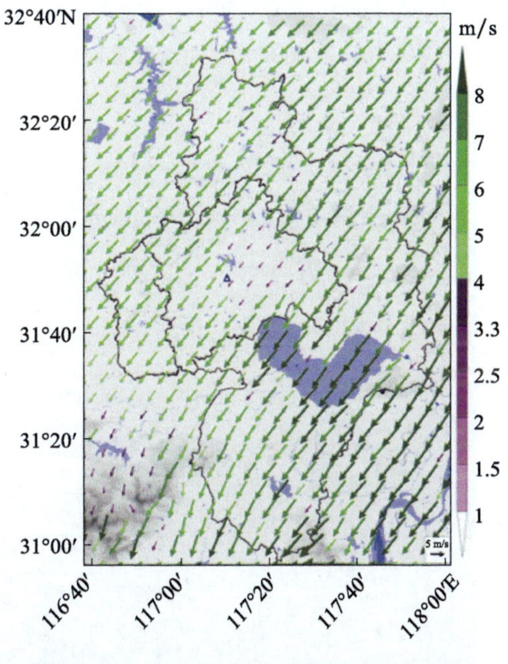

图 8.26 近地面冬季东北风(2018 年 1 月)

从风速空间分布来看,建筑物尤其是高层、高密度建筑物对风的阻挡效应明显;南淝河、十五里河等渗入城区内部的绿廊,风速并没有降低,可以将优质风输送到城区内部。

从时间维度来看,风速从 2000 年至 2011 年,平均每年递减 0.11 m/s,显然与城市建设规模呈负相关。如果把时间轴拉长,则对比更加显著(图 8.29、图 8.30)。

图 8.27　主城区层面的 WRF 模拟:近地面夏季东南风(2018 年 7 月)

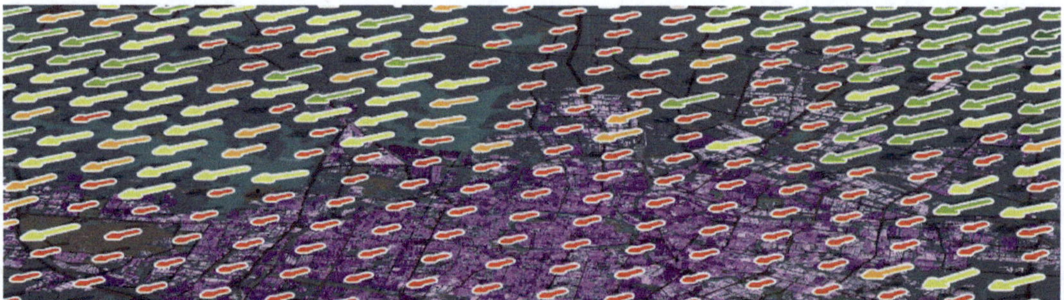

图 8.28　主城区层面的 WRF 模拟:近地面冬季东北风(2018 年 1 月)

图 8.29 主城区层面的的 WRF 模拟：近地面夏季风(1949 年)

图 8.30 主城区层面的的 WRF 模拟：近地面夏季风(2000 年)

通风廊道主要关注的是0.3～3.3 m/s风速的风，即软轻风。合肥全市软轻风频率为60％～85％，明显高于静风和大风频率。

(6)通风潜力：合肥自2005年之后高层住宅开始普及。由于建设格局缺乏通风研究，大体量的板式建筑、屏风楼随处可见，部分商业建筑尤其是居住建筑高大连片，大大削弱外围吹进市区的风速，甚至改变风向，导致城市通风不畅。评估结果表明，目前城区通风潜力高的地区主要分布在海拔较高区域、低矮植被覆盖区域、较为开阔的水域以及其他大型开敞空间。

(7)生态冷源(绿源)：城市生态冷源主要包括林地、湿地(河流、湖泊、沼泽及人工湿地)、城市公园等。近年来，市域生态空间规模逐年增加，但生态廊道联通性不强；城区园林绿化规模和品质得到一定提升，但尚未达到均衡覆盖；城市外围组团防护绿带蚕食严重，通风廊道日渐狭窄。

目前强冷源有：城市河湖(王咀湖、柏堰湖、翡翠湖、南艳湖、塘西河、十五里河、天鹅湖、南淝河中游、板桥河、少荃湖、鹤翔湖和双龙湖)、水库(董铺水库、大房郢水库和枯草塘水库)、湿地(滨湖国家湿地公园)、自然河湖(南淝河上游、南淝河下游和圩西河)、灌区(小蜀山支渠)。

本次通风廊道规划应基于主导风向、结合生态冷源、考虑城市热岛等因素，“破立并举”，合理规划通风廊道，构建科学的通风廊道格局、改善城市风环境。

第9章 规划目标

9.1 总体规划目标

在考虑合肥市现状特征的基础上，通过相关规划的分析、充分体现政策及相关规划的要求，最终确定合肥市通风廊道规划的目标。

9.1.1 相关规划要求

(1)合肥市城市空间发展战略及环巢湖地区生态保护修复与旅游发展规划

该规划重在以“1331”市域建设空间为依托，构建基本生态空间，保障稳定的城市格局和规模，控制各城市空间的无序蔓延。

在主城区外依托生态农业区、高速公路防护林带、肥西紫蓬山脉、肥东四顶山—浮槎山脉，构建主城区与外围城市空间的生态隔离环。在主城区内通过合理控制通风廊道提升人居气候环境品质。巢湖区域要控制生态协调区，预留城市通风口，积极开展水体修复生态恢复工作，引入新鲜湿冷空气进入城区，缓解城市热岛效应。

(2)合肥市城市总体规划(2011—2020年)

在该版本总体规划中，明确了生态体系构建的基本要求。

城市中有多条生态廊道绿楔贯穿，3条区域生态廊道，兆河、派河和裕溪河；6条区内城镇廊道，杭埠河—丰乐河、十五里河、南淝河、蒋口河、柘皋河、白石天河；3条水系连通廊道，瓦东干渠、庄墓河和荒沛河；3个重要涵养区，董铺水库，杭埠河上游，巢湖水源地；多个河口与山体，南淝河、杭埠河、裕溪河、派河和兆河河口；紫蓬山、四顶山、冶父山、银屏山、浮搓山、龟山、莲花山共七个山体。因此，城市通风廊道的目标应与合肥市生态保护相协调，合理配置城市空间资源，创造适居环境，走上可持续发展的良性发展轨道。

空间生态体系构建是在更大的空间概念上构筑生态体系，在更大的范围内形成城市的绿色生态网络、蓝色生态网络、风环境畅通网络。

(3)合肥市城市绿地系统规划

全面把握生态建设的总要求，拓展主城区绿地空间，建立良好的区域生态环境和布局均衡的公园绿地系统。规划市区构建“一湖伴城、三环绕城、五瓣镶城、九水绣城、绿网织城”的绿地系统结构。其中,“三环绕城”包括:一环环城公园;二环组团隔离带、北部铁路隔离带、东部铁路隔离带、南部高速公路及高压走廊、西部西二环防护带及高压走廊;三环组团联系带包括绕城高速公路、方兴大道、高压走廊、河流廊道防护绿环。这些廊道空间将会成为通风廊道的空间载体。

9.1.2 传承规划理念

新中国成立以来,合肥的城市规划建设工作一直都有比较鲜明的特色,是一个由小城市迅速成长为大都市的典型案例,尤其以风扇状的规划结构形成的合肥方式而载入规划史册。

最早提出预留宽阔廊道、组团式发展的是新中国成立初期的一版规划,由东德专家提出,理想化的组团式布局,预留了极宽的绿化开敞空间。在正式的规划中提出的是1979年版本的合肥市总体规划——《合肥市城市总体规划(1979—2020年)》。在这个版本规划里面,提出要“严格控制三翼之间的楔形绿地或农田上进行建设,以保持建成区和绿地相间的环境特色”“绿化规划,除加强老城周围以逍遥津公园、包河公园、杏花村为主的环城绿带外,规划继续扩大绿化范围,从市区延伸到郊区。在市区东南近郊,利用岗地、河滩营造林带,将巢湖的湿润空气导入市区。在西郊董铺水库大坝内侧也规划大片林带。这两处林地通过南淝河等河流两侧的带状绿化系统,同老城周围的环城绿带相连接,形成一条贯穿市区的通风走廊,保持市区空气清新、湿润。”

本次规划研究注重传承合肥特色,在国际化大都市的目标引领下,传承城市生态文明理念、重塑经典。

9.1.3 规划目标确定

结合合肥气象条件、地表通风能力和合肥城市结构,按照顺应城市主导风向、利用局地环流、尊重城市格局的原则,形成多尺度、成网络、融功能的网络状城市通风系统,让城市吹起穿堂风,形成合肥市城市“新风系统”。

“多尺度”:本次通风廊道不局限于一种形态,而是城区尺度、片区尺度、街区尺度融合为一个整体的通风廊道体系。具体可分为一级通风廊道、二级通风廊道及街区层面的通风廊道,本次规划研究作为主城区层面的总体研究,重点关注一级通风廊道及二级通风廊道。

“成网络”:城市通风廊道依托主城区生态冷源,融入“组团发展、绿色楔入”的理念,重点依托城市河流、铁路、高速公路、高压走廊,构建不同宽度的通风走廊,形成网络状的通风体系,引导城市形成合理的发展形态。

“融功能”:城市通风廊道不仅仅有利于风环境的改善,通过建设通风廊道,还能增加天空开阔度、调整城市视廊、缓解局地空气热岛环流,提升居民的生活舒适性。

9.2 规划指标体系

为了能够将规划目标转换成可度量的标准,本次规划研究创新提出指标体系,以期为规划的实施管理提供依据。目前，国内外的相关研究和规划中，均未对通风廊道制定相关指标体系，本研究在梳理了对于通风廊道建设的紧密相关的因子后，明确了相关性最高的 6 项指标（表 9.1）。具体包括通风能力指数（一级廊道）、通风能力指数（二级廊道）、主城区平均天空开阔度、主城区平均地表粗糙度、廊道内平均生态绿地比例、廊道内平均建筑密度指数。

表 9.1　通风廊道指标体系表

序号	量化指标名称	现状	现规划	通风廊道规划后	指标属性
1	通风能力指数(一级廊道)	81.20	78.00	85.00	预期值
2	通风能力指数(二级廊道)	75.80	72.00	80.00	预期值
3	主城区平均天空开阔度/m	0.60	0.55	0.58	预期值
4	主城区平均地表粗糙度/m	0.59	0.65	0.62	预期值
5	廊道内平均生态绿地比例	0.65	0.69	0.75	预期值
6	廊道内平均建筑密度指数	0.31	0.30	0.25	预期值

(1)天空开阔度

天空开阔度也称天穹可见度，或者可称为天空可视因子，是一个描述三维城市形态的数值，反映了城市中不同的街区几何形态，其影响地表能量平衡关系，改变局地空气流通。通过城市通风廊道的规划布局，打通了部分原本建设集中、高层建筑遮挡的地方，其天空可见度将会得到提高。

(2)地表粗糙度

地表粗糙度是指在边界大气层中，近地层风速向下递减到零时的高度（以零平面位移高度为高度起点），可以表示城市和植被区域的地表粗糙程度。根据自然地表的空气动力学特征，草地、水体等地表粗糙度较低的地表类型具有较强的通风潜力，而建筑物、人工铺面等粗糙度较高的地物则直接影响风渗透量。通过通风廊道的建设，廊道内的建筑量和高度得以降低，地表粗糙度的高低能一定程度上反映廊道建设成果所达到的程度。

(3)通风能力指数

该项指标与天空开阔度和地表粗糙度的关联性极强，由地表植被和建筑覆盖及周边开放区域程度而确定的空气流通能力，具体由天空开阔度和粗糙指数衡量。随着天空开阔度指数的提高和粗糙度指数的降低，城市通风潜力则会随之提高。

(4)廊道内平均生态绿地比例

通风廊道的建设势必会增补一部分绿地，这些绿地对于关键区域的通风能力提升有决定性作用，廊道内平均生态绿地比例亦会提升。

(5)廊道内平均建筑密度指数

随着廊道建设的推进，逐步腾退更新的区域，再建设的时候会受到建筑密度的控制，更新后的片区整体建筑密度指数会降低。

第 10 章

分级构廊道

国内外城市已经开展了通风廊道的规划研究和编制工作，如德国斯图加特、中国北京、郑州、杭州、济南、西安等。本次规划在研究先发地区案例的基础上，通过对气象行业标准《气候可行性论证规范 城市通风廊道》(QX/T 437—2018)的解读，建立城市通风廊道的构建方法。

10.1 国内外城市通风廊道案例调研

通过调研国内外城市通风廊道已开展的相关研究文献，并走访国内其他城市规划和气象部门，发现关于城市通风廊道的规划大多从廊道宽度、长度、走向等角度对廊道设计提出了相关控制条件(表 10.1)。

表 10.1 国内外通风廊道控制指标

廊道类型	廊道宽度	廊道长度	廊道走向	建设用地控制
主要通风廊道	广州：主廊道宽度≥150 m； 武汉：主要廊道宽度为100～1000 m	斯图加特：长度≥500 m；最好能达到1000 m，长宽比≥100 m； 北京：廊道主导方向上的长度至少应达到500 m，以1000 m以上为宜	北京：使通风廊道的走向尽量与主导风向平行，与主导风向的夹角应不大于45°； 郑州：主要通风廊道的走向与主导风向的轴线成20°～30°的夹角	斯图加特、西安：通道中障碍物的垂直于气流方向的宽度≤通道宽度的10%； 郑州：主廊道内建设用地比例≤20%；次廊道内建设用地比例≤25%
次要通风廊道	斯图加特：廊道宽度≥30 m，最好能够达到50 m； 广州：次廊道宽度≥80 m； 西安：次廊道宽度≥30 m，最好能达到50 m； 郑州：次廊道宽度为100～300 m			

可以看出，国内外城市主要通风廊道的规划宽度一般为几百米至 1000 m，最低不小于 100 m，长度最好能达到 500 m 至 1000 m 以上；城市局部通风廊道宽度一般为几十米至100 m，最小不低于 30 m，长度以 500 m 以上为宜；廊道走向应尽量与主导风向平行，与主导风向的夹角不宜过大，一般小于 45°；廊道内障碍物垂直于气流流动方向的宽度应尽量小于廊道宽度的 10%。

10.2 标准解读

依据气象行业标准《气候可行性论证规范 城市通风廊道》(QX/T 437—2018)，城市通风廊道应该在城市用地现状或规划图上叠加背景风况、通风潜力、城市热岛、绿源空间分布，在城市总体层面初步确定城市主通风廊道和次通风廊道。

（1）一级通风廊道（即主通风廊道）

城市主通风廊道宜贯穿整个城市，应沿低地表粗糙度区域和通风较大的区域进行规划，应连通绿源与城市中心、郊区通风量大的区域与城区通风量小的区域，打通城市中心通风量弱、热岛强度强的区域。在用地上，除增加通风廊道用地外，宜依托城市现有交通干道、河道、公园、绿地、高压线走廊、相连的休憩用地以及其他类型的空旷地作为廊道载体（表 10.2）。

表 10.2 廊道分级

廊道类型	主要作用区域	关注对象	宽度和长度设置
一级廊道	中心城区	□ 较高风频、生态价值较高的风 □ 连接郊外或城区内部大型生态冷源并贯穿城区内部	贯穿中心城区或延伸至中心城内部，宽度大于500 m，长度较长；廊道走向与主导风向近似平行或两者夹角较小
二级廊道	局部地区	□ 中等风频，生态价值较高的风 □ 较高风频，生态价值中等的风 □ 连接主通风廊道与城市核心地区	宽度80～500 m，长度中等；廊道走向应与局地软轻风主导风向平行，或两者之间夹角较小

最优方案：城市主通风廊道应与区域软轻风主导风向近似一致，两者夹角不应大于 30°，廊道宽度宜大于 500 m，通风潜力等级值不小于 4，宜将等级值不大于 2 的绿源区或通风量处于规划区最大通风量 20%范围的区域与城市热岛强度等级值不小于 6 或通风量处于规划区最小通风量 20%范围的区域连通。

次优方案：城市主通风廊道应与区域软轻风主导风向近似一致，两者夹角不应大于 30°，廊道宽度宜大于 200 m，通风潜力等级值不小于 3，宜将等级值不大于 3 的绿源区或通风量处于规划区最大通风量 40%范围的区域与城市热岛强度等级值不小于 5 或通风量处于规划区最小通风量 40%范围的区域连通。

（2）二级通风廊道（即次通风廊道）

次通风廊道应沿通风潜力较大的区域进行规划，应连通绿源与密集建成区以及相邻的通风量差异较大的区域，弥补城市主通风廊道没有贯通的通风量较小、热岛强度较强的区域。次通风廊道走向应尽可能辅助和延展主通风廊道的通风效能，宜将城市现有街道、河道、公路、绿地以及低密度较通透建筑群等作为廊道载体（表 10.3）。

最优方案：城市次通风廊道与局地软轻风的主导风向夹角应小于 45°，廊道宽度宜大于 80 m，廊道内垂直于气流方向的障碍物宽度应小于廊道宽度的 10%，廊道长度宜大于 2000 m，通风潜力等级值不小于 3，宜将等级值不大于 3 的绿源区或通风量处于规划区最大通风量 40%范围内的区域与城市热岛强度等级值不小于 5 或通风量处于规划最小通风量 40%范围的区域连通。

次优方案：城市次通风廊道与局地软轻风的主导风向夹角应小于 45°，廊道宽度宜大于 50 m，廊道内垂直于气流方向的障碍物宽度应小于廊道宽度的 20%，廊道长度宜大于 1000 m，通风潜力等级值不小于 2，宜将等级值不大于 4 的绿源区或通风量处于平均值以上的区域与城市热岛强度等级值不小于 5 或通风量处于平均值以下的区域连通。

表 10.3 廊道控制要素

一级廊道

- 贯穿整个城市
- 沿低地表粗糙度区域和通风潜力较大区域
- 连通绿源与城市中心、郊区通风量大于城区通风量小的区域
- 打通城市热岛强度高的区域
- 用地方面，除了增加通风廊道专门用地外，主要应依托城市现有交通干道、河湖、绿地、高压走廊及其他空旷地

	与主导风向夹角	廊道宽度	廊道长度	通风潜力等级	所联通空间分类	
					绿源区等级	城市热岛强度等级
理想方案	≤30°	≥500 m	≥2000 m	≥4级	≤2级	≥6级
次优方案	≤30°	≥200 m	≥1000 m	≥3级	≤3级	≥5级

二级廊道

- 沿低地表粗糙度区域和通风潜力较大区域
- 连通绿源与密集建成区、相邻的通风量差异较大的区域
- 弥补城市主通风廊道没有贯通的、热岛强度较高的区域，延展主通风廊道的通风效能
- 宜将现有街道、河道、公园绿地及低密度通透建筑群作为载体

	与主导风向夹角	廊道宽度	廊道长度	通风潜力等级	所联通空间分类	
					绿源区等级	城市热岛强度等级
理想方案	≤45°	≥80 m	≥2000 m	≥3级	≤3级	≥5级
次优方案	≤45°	≥50 m	≥1000 m	≥2级	≤4级	≥5级

10.3 通风廊道构建原则

(1)顺应城市主导风向

研究表明，主要通风廊道走向与主导风向的夹角不超过45°可使城区内通风效果与空气运动达到最大化。合肥常年主导风向为东北风和东南风，因此重点引导东北风、东南风进入中心城区。

(2)利用局地环流

城市周边由于热力作用，可能存在局地风环流（湖陆风），可因地制宜，利用局地风场特征构建通风廊道。

(3)因地制宜，尊重城市自身格局

合肥市以东北风和东南风占主导，但合肥市区东北—西南走向宽阔绿地、水体或道路相对较少，缺乏通风能力较好的区域，因此在构建廊道时需尽量利用现状条件进行规划和改造，集约利用土地资源。

(4)修复、拓宽和保护河道，并控制通风廊道利用河道、路网等通风能力较强的地块

街道和河道地表粗糙度较低，也更为开阔，通风能力较强，可作为城市通风廊道的载体，基于风场特征和用地规划，选择适宜的街道和河道，在两侧建设紧密型绿地，限制两旁的建筑高度、密度和布局方式。

(5)关注小风和高温区域

结合精细化风场和温度场特征，通风廊道应重点贯穿城区风速较小地区，提升局地空气流通性，同时分割城区气温较高地区，改善局地热环境，并保持空间的开阔度以防止热岛加剧和连片发展。

(6)结合城市生态规划

整合城市自然山水要素，利用生态绿地、河湖水系等具有通风排热功能的天然冷源系统，

营造城市通风廊道。研究表明，城市大型绿地内温度较周围温度偏低 1～2 ℃；绿地使吹向四周的风速增加，可令其周围尤其是下风向的温度降低，影响范围可达 3 km。因此，依据合肥市地貌和生态规划确定周边生态冷源，结合风场特征，构建通风廊道将冷源的新鲜空气引入城区。

(7)疏通大气污染聚集区，规避大气污染源

构建通风廊道时应规避已存在或潜在空气污染风险的工业产业用地，如必须建设时也应尽可能设置在通风廊道的下风方向，削弱对城市区域空气质量的潜在不利影响。设置廊道还应充分根据当前合肥市大气环境状况，例如长江中路、三里街、董铺水库等环保监测站所在区域应给予考虑，营造较好的通风环境，抑制日益增长的 CO、NO_2、O_3 浓度。

10.4 通风廊道构建方法

遵循上述原则，通风廊道规划重点关注五个方面："顺应主导风、兼顾软轻风，利用生态冷源，尊重现有格局、利用通风能力强的地块，分割热岛链、改善污染集聚区，考虑规划布局"。

(1)顺应主导风"2＋1＋1"、兼顾软轻风

即顺应东南、东北两大主导风向、兼顾西南软轻风、统筹利用西北风。通过前述气候评估分析，合肥市主城区的主导风向为冬季东北风、夏季东南风，而西北方向的大风频率相对较高，自西北方向吹来的风亦可为通风廊道利用。西南方向气流穿过紫蓬山山体，是山体绿源风的形成区域，基于两大主导风向、兼顾大风和优质风，更有利于增强城市通风廊道的贯穿性(图 10.1)。

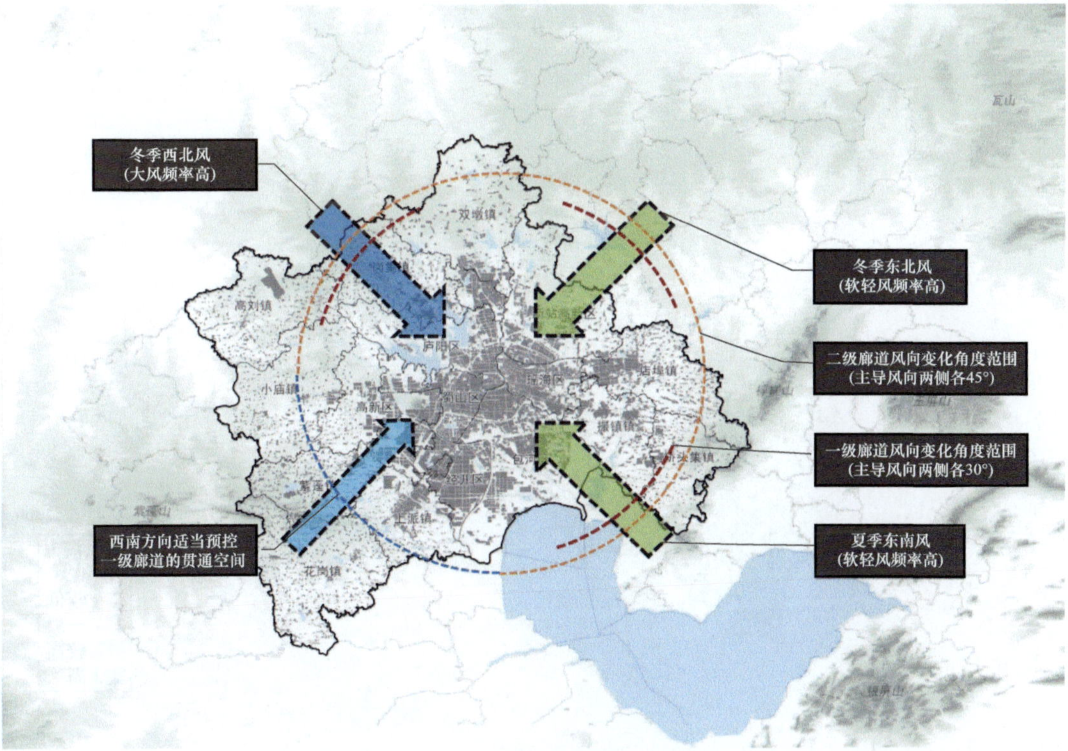

图 10.1　通风廊道构建方法

（2）利用生态冷源

本次规划重点利用靠近主城区的强冷源，包括董铺水库—大房郢水库、巢湖、天鹅湖、翡翠湖等，兼顾两个国家级森林公园（大蜀山森林公园和滨湖森林公园）等较强冷源。一般冷源和弱冷源不作为重点考虑对象。

（3）尊重现有格局、利用通风能力较强的地块

尊重现有格局意味着强调对现状通风潜力的评估。按照前述通风潜力评估结果，利用通风能力较强的地区（此为“立”），即将通风能力强的区域优先划入要构建的通风廊道内，通风能力强的区域面积达到 250 km^2（图 10.2）。

图 10.2　立：利用通风能力强的地块构成廊道

（4）分割热岛链、改善污染集聚区

规划廊道时将热岛集中的经开区、包河工业园、双墩等区域，以及污染较为集中的区域综合考虑。

（5）考虑规划布局

采用与现状通风潜力计算同样的方法，基于主城区规划地块和规划指标（包括建筑高度、容积率、地块面积），计算得出规划用地的通风潜力（图 10.3）。

图 10.3　统筹考虑规划布局—通风潜力

统筹考虑规划通风潜力后，在现状通风廊道构建的基础上进行廊道的补充和完善（此为“破”），需要改造控制的区域约 58 km^2（图 10.4）。

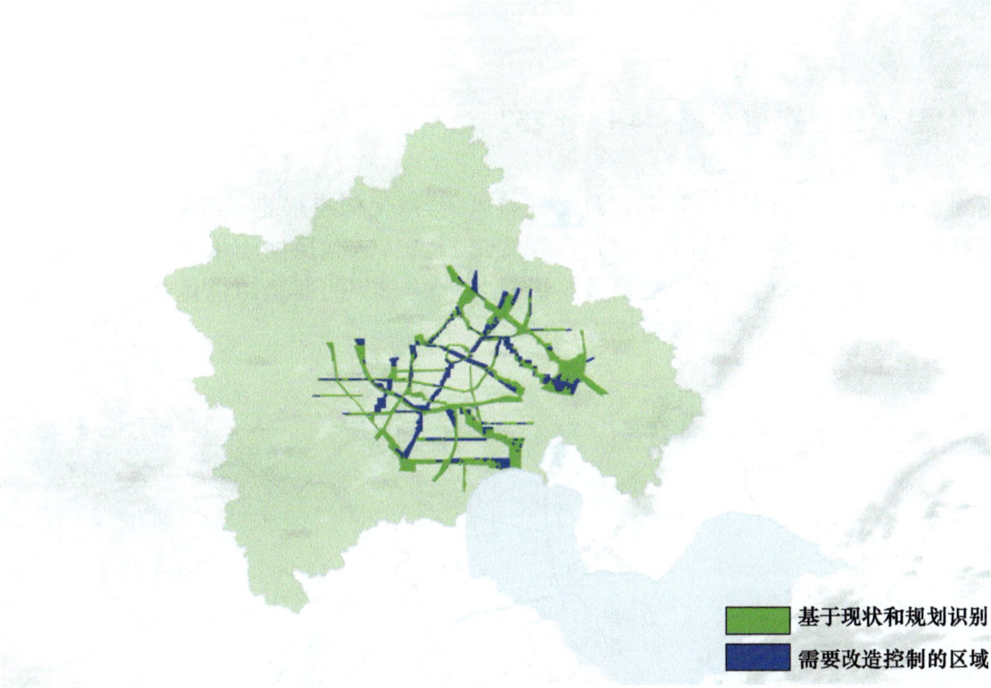

图 10.4 “破立并举”构建通风廊道规划图

下面以江淮运河一级通风廊道为例详细展现构建过程（图 10.5）。

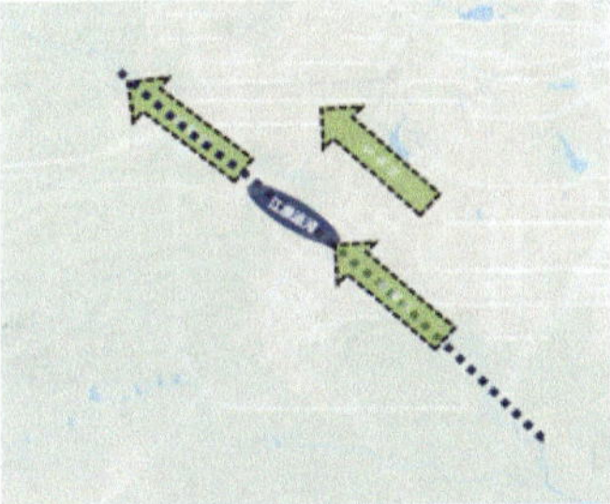

识别主导风向

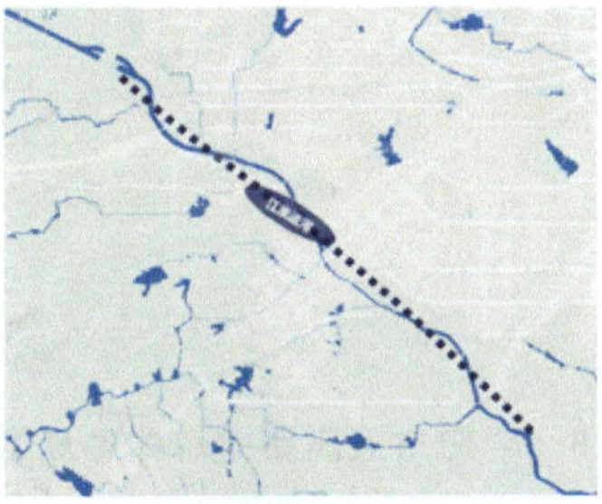

识别生态冷源

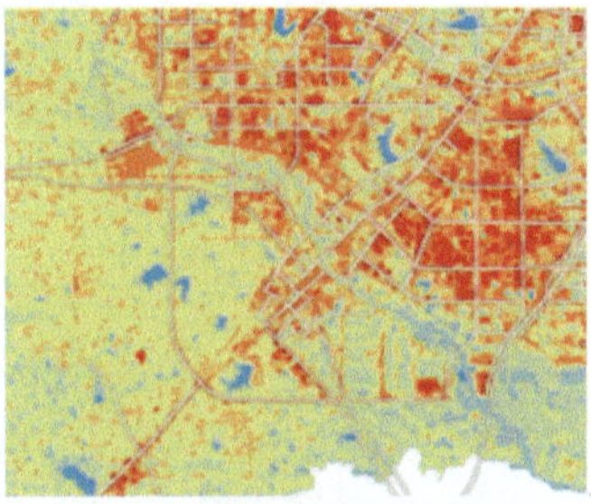

现状热岛链分布情况

规划用地布局基础上识别通风能力较强的区域

将预控范围纳入一级通风廊道

图 10.5 江淮运河一级通风廊道构建过程

10.5 规划方案

10.5.1 总体通风廊道布局："4＋9＋25"

利用水系和放射路网优化东南—西北方向风道，强化构建东北—西南方向风道，形成斜十字风道格局，与正十字的方格路网格局（三级廊道）叠加，达到风网＋水网＋路网的三网融合，是合肥市通风廊道体系的特色。规划最终形成"4＋9＋25"的通风廊道体系，即 4 个通风口地区、9 条一级通风廊道、25 条二级通风廊道（图 10.6）。

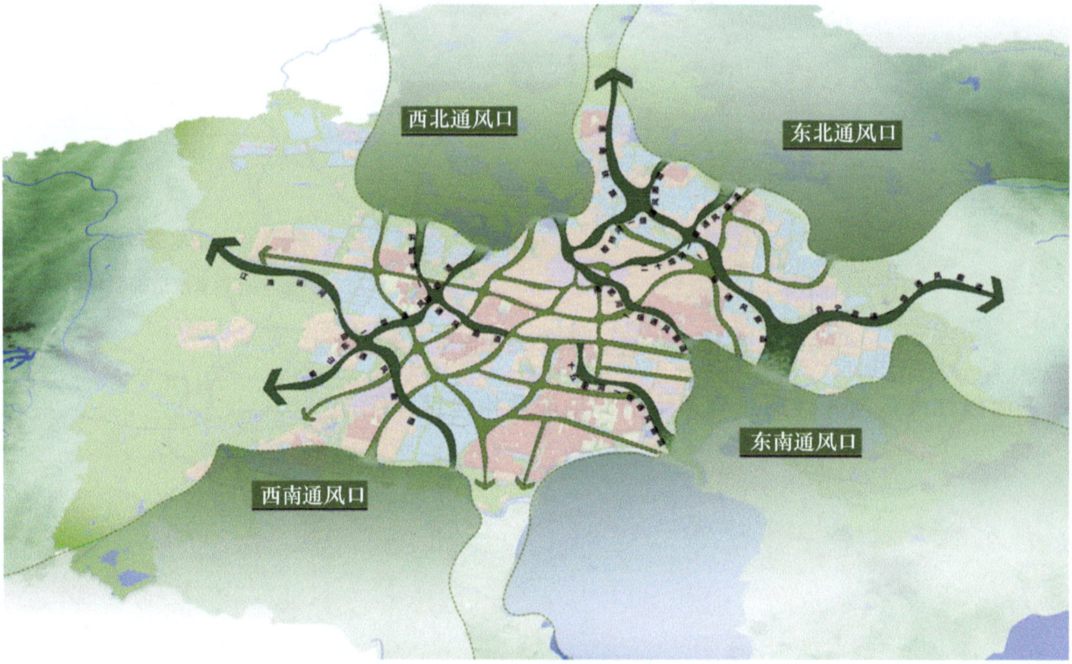

图 10.6 合肥市通风廊道总体布局示意图

10.5.2 通风廊道实地观测验证

选取规划区范围内的一级通风廊道进行观测验证，结果发现，一级通风廊道平均风速为同区域的建设区风速的 2～3 倍（表 10.4），表明规划的通风廊道是基本科学合理的。

表 10.4 通风廊道实地观测验证结果

序号	廊道名称	廊道观测风速/(m/s)	周边建设区域观测风速/(m/s)
1	淮南铁路通风廊道	2.9	0.9
2	京台高速东通风廊道	2.1	1.0

续表

序号	廊道名称	廊道观测风速/(m/s)	周边建设区域观测风速/(m/s)
3	南淝河通风廊道	1.1	0.3
4	二十埠河通风廊道	2.3	1.5
5	板桥河通风廊道	1.9	1.1
6	十五里河通风廊道	2.3	0.7
7	江淮运河通风廊道	1.9	0.8
8	京台高速西通风廊道	2.2	0.8
9	蜀山通风廊道	2.6	1.5

第11章 分类优化布局

对于已建区和未建区，采取逐步优化和科学预控的差异化策略，逐步提升城市通风能力。

11.1 建成区优化

建成区根据改造程度的高低，分为改造可行性高的区域、改造可行性低的区域两大类，采取差异化的优化方法。结合现行合肥市城市总体规划对合肥市城市空间优化提出的相应要求提出建成区优化策略："对于二环路以内的工业进行限制发展，对该范围内的工业进行有计划的搬迁以及用地的置换，改善城市中心地区的环境质量，提高土地使用效率；对于西部、西南部的工业用地进行整合，强化土地集约使用，完善工业用地结构，形成规模效应；对于东部、北部工业区的污染企业进行搬迁、改造，对新进入的工业企业设置准入门槛"。

11.1.1 改造可行性高的区域

该类地区以拆除重建为主。实施以拆除重建为主的城市更新，应当以城市更新单元为基本单位，以城市更新单元规划为依据，确定规划要求，协调各方利益，结合旧城改造、城市更新，为通风廊道腾挪出空间，或其建设能够一定程度上满足通风廊道的通风要求。

城市更新单元内拆除范围的用地面积应当大于 1 hm^2，更新单元不得违反基本生态控制线、一级水源保护区、重大危险设施管理控制区（橙线）、城市基础设施管理控制区（黄线）、历史文化遗产保护区（紫线）等城市控制性区域管制要求。未建设用地因规划统筹确需划入城市更新单元，属于国有未出让的边角地、夹心地、插花地的，总面积不超过项目拆除范围用地面积的10%且不超过 3000 m^2 的部分，可以作为零星用地一并出让给项目实施主体，超出部分应当结合城市更新单元规划的编制进行用地腾挪或者置换，在城市更新单元规划中对其规划条件进行统筹研究。在保障城市基础设施、公共服务设施或者其他城市公共利益项目的基础上，充分考虑城市通风的要求。强调推进文化遗产融入城市发展，保护城市肌理和特色风貌，改善生态环境和人文环境，鼓励节能减排，促进低碳绿色更新。鼓励增加公共用地，提高绿地率和绿化覆盖率，降低建筑密度。

11.1.2 改造可行性低的区域

改造可行性低的区域通过见缝插针的方式，布置点状绿地，促进局地通风微循环，亦可称为综合整治类。

注重庭院绿化、单位绿化的绿量提升。把城市的道路绿化、街道绿化、小区庭院、机关单位及游园、公园绿化科学统一、有机结合在城市绿地系统规划的大生态“绿色城市”中。加强绿化管理职能部门的建设、实行科学严格的管理,建立技术管理体系,加快技术管理制度建设,加大对绿化工程建设管控。

注重城市街道、小微空间的绿化空间。充分利用区域内建筑物空间,墙面、屋顶、阳台、露台、架空层多层复用,使用多种绿化工程方式手段,应用乔、灌、花草、藤本、地被、宿根多种植物搭配,使屋顶绿化、架空层绿化、垂直绿化、室内绿化及地面、水体绿化等呈现出层次丰富,结构复杂、生态种群稳定的完整的绿色生物链,使区域绿化基础设施绿量最大化。在设计中控制人造景观、硬质建筑铺装所占比例,多栽高大适生的乡土树木提供树荫,避免为“提升景观”而“高价健绿”。真正“以人为本”为市民在“游憩境域”内提供所需的基本设施设备。在商业、文化、生活等功能区之间,用带状或片状公园、河滨公园、游园或花坛、林带相隔,进行公共绿地建设,创造特色的都市园林景观。树种选择恰当、结构合理、层次突出,常绿落叶、乔灌木协调,春赏花秋赏叶,夏日有荫凉、冬日可接纳阳光。

注重立体绿化的营建工作。立体绿化能有效增加绿化总体绿量,它隔热、降温、消尘、产生负离子,利于身心健康,益于市民视线,降低减除城市热岛效应。政策性引导鼓励、提倡,大力发展城市立体绿化、特别是奖励表彰优秀的屋顶绿化设计和成果。发展立体绿化,缓解城市用地紧张。方式有墙体绿化、桥体(桥柱、桥底)绿化、阳台绿化、围栏绿化、屋顶露台及架空层绿化等。

本次建议优化区域包括双凤/庐阳经开区、新站周边片区、高新区南部片区、火车站及东侧片区等,面积共计 43 km^2(图 11.1)。

图 11.1　建成区优化区域建议

将优化后的模型进行重新计算分析，发现主城区内通风能力高的区域占比较优化前增加0.72%(图 11.2)。

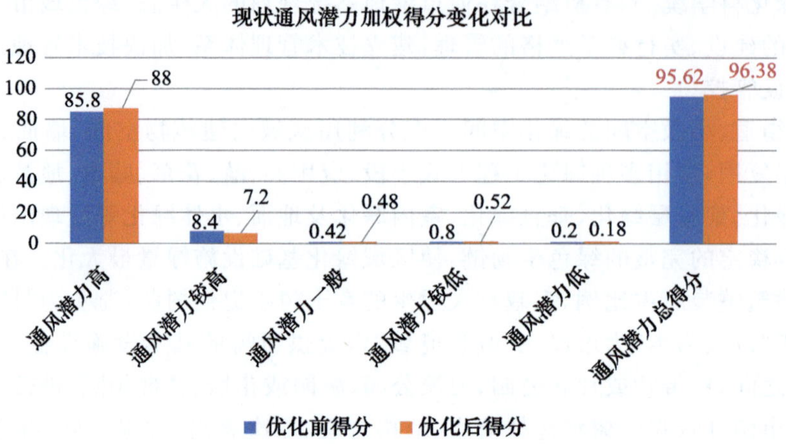

图 11.2　优化前后效果对比

11.2　未建区优化

充分考虑城市一、二级通风廊道的控制要求，对规划用地类型、开发强度、建筑高度、建筑密度、开放度等进行指标化预控管理。通风廊道规划与城市生态网络密切相关，二者在城市空间的管控方面存在相交的区域。将本次规划通风廊道边界与生态网络规划进行叠合分析，建议生态网络规划可适当增加生态协调区管控范围。

(1)合肥市生态网络规划主要内容分析

城市生态网络是以自然生态用地以及具有生态意义的人工绿地为载体，致力于保障城市生态安全、维护生物多样性、优化城市生态格局、提升生态环境品质、发展生态游憩活动等整体性目的的具有高度连接与交叉结构特征的网络状城市生态空间体系。

目前合肥市主城区的生态网络形成了“一湖九水、三环五楔”的主城区生态网络结构。

“一湖”：巢湖为城市核心生态资源，主城区与巢湖相伴相生；

“九水”：一条滁河干渠和南淝河、十五里河、江淮运河、塘西河、板桥河、四里河、二十埠河、店埠河八条自然水系穿城而过，汇入巢湖，沿线串联众多公园绿地；

“三环”：环城公园组成的一环，高压走廊、铁路编组站及南外环高速公路防护绿带组成的二环，北外环高速公路防护绿带、江淮运河滨水绿带、巢湖、南淝河及店埠河滨水绿带、南外环高速防护绿带组成的三环；

“五楔”：西北董铺—大房郢水库绿楔、东北众兴—管湾水库绿楔、东南大圩—巢湖绿楔、南部牛角大圩—巢湖绿楔、西南紫蓬山绿楔，从不同方向将城郊生态资源连通并导入城市，构成城市生态骨架。

在生态网络规划里共划分了四类管控空间，包括生态红线区、生态控制区(实线控制)、生态控制区(虚线控制)、生态协调区。对于生态协调区提出了相关控制要求(表 11.1)。

表 11.1 合肥市生态网络规划—生态协调区管控要求

管控要素	管控范围	建设活动管控	建设强度管控
重点协调的廊道沿线区域	一级廊道沿线控制总宽度 1 km；二级廊道沿线控制总宽度 500 m	铁路、高速、市政廊道、运河沿线结合城市更新，逐步减少现状居民点，除必要的市政及交通设施建设以外，限制其他开发建设活动，尤其是集中成片的工业和房地产开发建设； 河流廊道沿线以生活、休闲、绿化功能为主	铁路、高速、市政廊道沿线开敞空间应达到 40%以上，建设用地应控制在总用地的 60%以内； 河流廊道沿线开敞空间应达到 30%以上，建设用地应控制在总用地的 70%以内(以城市控制性管理单元为单位统计)

叠合分析后，生态网络规划增加的生态协调区管控范围如图 11.3 所示，优化前后通风潜力变化如图 11.4 所示。

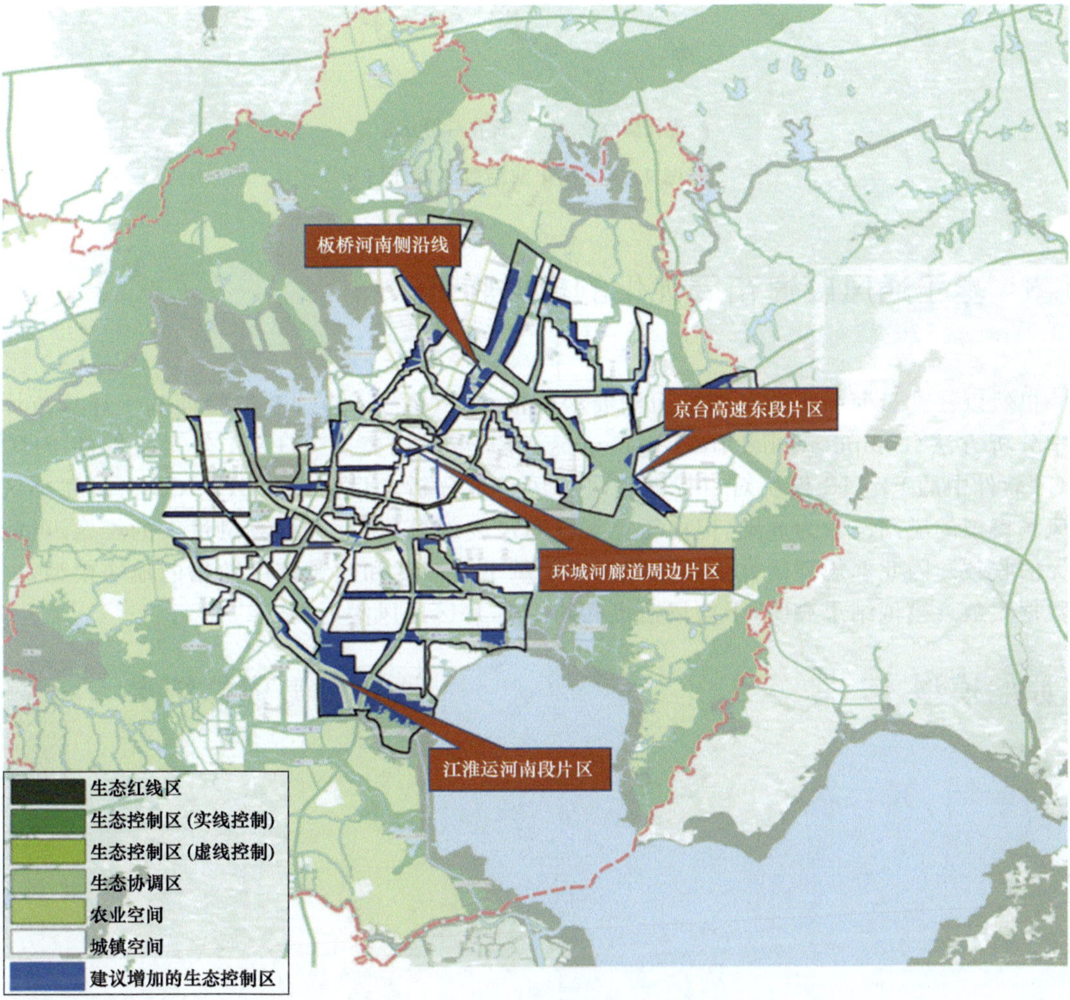

图 11.3 生态网络化建议优化区

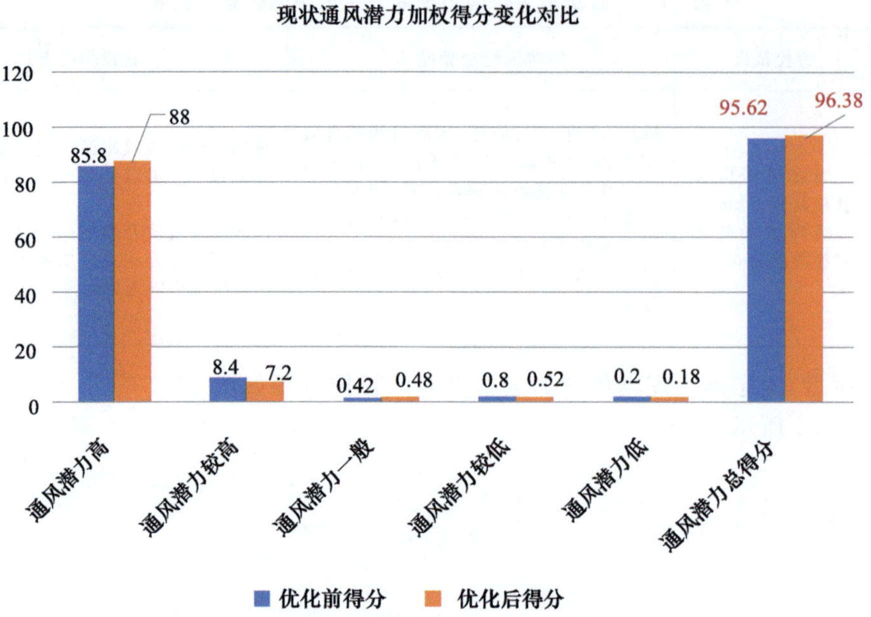

图 11.4　优化前后效果对比

11.3　基于通风廊道布局优化的模拟验证

仍然以江淮运河一级通风廊道为例展示模拟结果(图 11.5)。模拟验证基于计算流体动力学分析方法(computational fluid dynamics,CFD),采用英国 CHAM 公司研发的 PHOENICS 软件中的 FLAIR 模块对目标建筑进行风环境分析。目前,PHOENICS 在居住小区层面风场模拟的应用已较为成熟,但由于更大空间尺度的模拟,存在计算量过大的难题,可能导致无法收敛。因此本规划研究的廊道验证采用赋予了高度和建筑密度数据的地块模型,以实现数据收敛。模拟结果表明,平均风速提高约 1%,片区通风潜力提升约 8%。

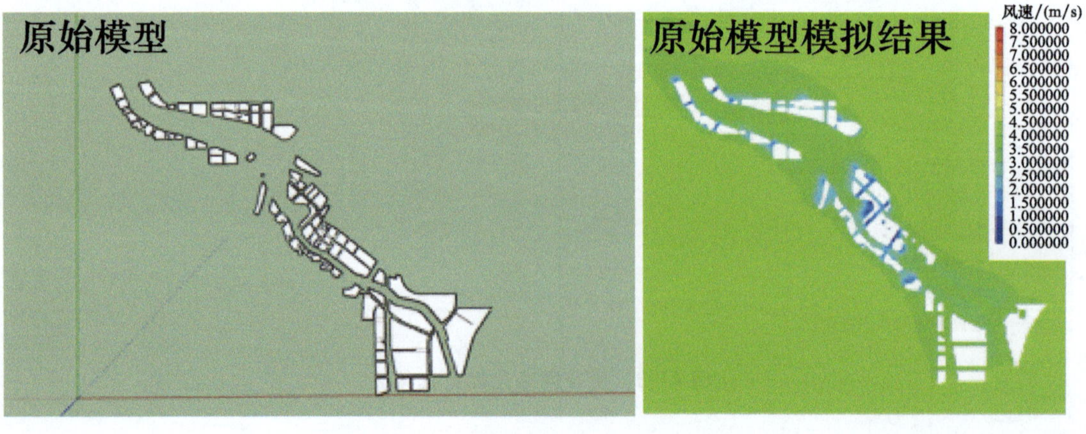

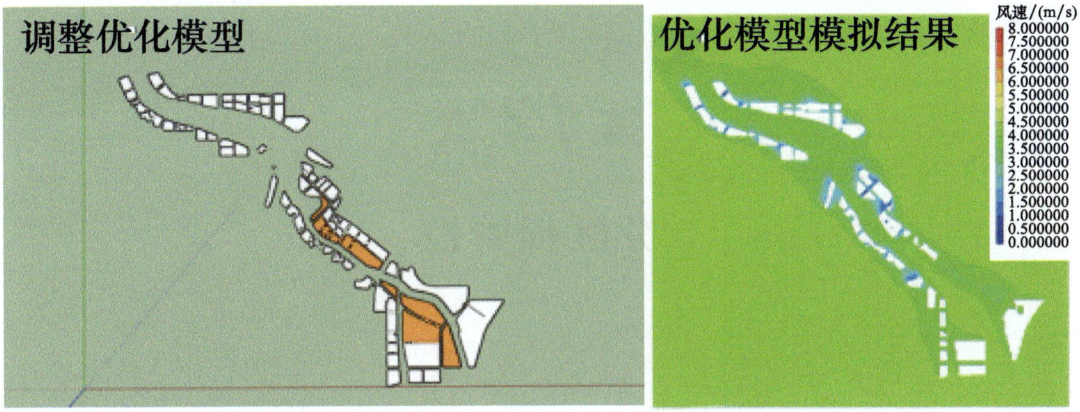

图 11.5 PHOENICS 模拟验证—江淮运河通风廊道

第12章

分区提管控

12.1 管控体系研究

本次通风廊道管控体系包括案例借鉴与分析、管控指标研究及管控方案三个部分的内容。案例分析重点选取北京、郑州等先发地区的经验，结合气象行业标准和相关指标形成管控体系。

对通风廊道内的管控有的从宏观尺度入手，分析城市的通风廊道来优化城市绿地系统布局，有的则关注微观尺度评价建筑的通风效果，以提高室内的空气流通。本次规划研究提出通风相关的空间形态管控指标，通过具体的指标控制，在保证地块规划设计灵活性的前提下，促进街区的通风效果优化。

12.1.1 案例借鉴分析

(1)北京市

北京市对于通风廊道影响区采取了分区管控的模式，在重点区域推行促进通风的空间模式指引。

通风廊道管控区：一级廊道内部开敞空间、二级廊道构成地块。内部以绿地、水体修复为主；腾退污染企业；保持空间开敞性，禁止大规模开发建设，控制建设用地占比30%以内(且廊道切向占比不超过10%)，控制建筑密度30%以内。

污染产业严控区：廊道主导风向上游、局地不利扩散区域及清洁空气上风方向，应严控大气污染产业进入，降低大气污染风险。

绿地强化隔离区：位于风向上游地区，隔离集中区与中心城区，隔离化工业集中区与通风廊道上游地区，强化绿化隔离带建设，保证绿化覆盖率在30%以上。

此外，北京市还对于一级廊道重点控制地块和二级廊道构成地块提出了进一步的控制要求：在进行开发建设时，应推行利于通风的空间模式指引，并结合旧城更新疏通廊道节点。将对山区进行整体保育和生态修复，平原区重点是增加绿地总量，优化布局，重点是加快以廊道为主的生态网络建设。同时，将生态红线区内村庄建设成为环境优美、配套方便、与自然和谐相融的美丽乡村和城市“后花园”。生态红线区和集中建设区以外区域为限制建设区。限制建设区主要由集体建设用地、少量分散城镇建设用地和非建设用地组成。限制建设区是有效治理“大城市病”，实现人口疏解、用地减量、功能优化、城乡统筹和生态环境改善的重点地区。限制建设区要实现“减地增绿”，城中村和农村的集体建设用地将减量腾退，尤其是在生态廊道上集体产业用地减量将被优先推动，并将实施绿色空间逐步划入生态红线区。

(2)郑州市

提出了风环境优先改善区、风环境一般改善区、风环境建议改善区、风环境建议优良区四个管控分区。风环境优先改善区强调严控建设，增加绿化，打通通风廊道；风环境一般改善区强调控制开发强度，确保街区通风；风环境建议改善区强调优化开发、趋利避害；风环境建议优良区强调重点保护。

(3)武汉市

武汉在《城市风道规划管理研究》的基础上，编制《武汉市城市风道规划》，将城市风环境、热环境和通风潜力分析的结果与城市用地情况结合，提出指标控制体系，从都市发展区和主城区两个层次构建城市风道框架，并从宏观和中观的不同尺度提出管控指引。

(4)成都市

成都市在新一版城市总体规划修编中，增加了城市通风廊道的专题研究，并在《成都市生态守护控制规划》中对通风廊道予以落实，对通风廊道宽度、建筑高度和密度、建筑布局形式和建筑体量等提出规划控制要求，促进郊区生态冷源与城市中心连通，改善城市风环境和热环境。

(5)杭州市

历时三年时间编制《杭州通风廊道评价研究》《杭州城市通风廊道规划研究》《杭州城市气候规划基础研究》，分别从环保、规划、气象的角度分析城市的基础环境，为通风廊道的构建及专项规划的编制提供依据。

12.1.2 管控指标研究

针对不同的影响分区，其管控的重点是存在较大差异的。其中，对于未建区的管控要素重点是要集中关注街区空间形态如何影响通风效果，包括街区进风和街区内部空气流通两个环节。街区影响进风主要是开口方向和布局朝向与风向的关系，建筑的疏密程度和高度变化则影响街区内部的空气流通效果，对于判断街区建设情况可以从以下几个量化指标进行分析研究。

(1)迎风开口

迎风开口能加强街区的外环境风速，而且是增加街区环境风流量的重要方法。当主导风向一定时，街区迎风面的开口越大，进入到街区内部的风量也就越大，是改善街区风环境的基础条件。

保证街区迎风面适当的开口，应避免迎风面过于连续的建筑界面，在原有建筑间距的基础上，可适当扩大建筑间距；也可将街区的开敞空间或公共设施布局在上风向位置，减小街区迎风面的阻隔。

(2)迎风角度

迎风角度，也可理解为街区建筑布局的朝向，通过调整建筑朝向与主导风向的角度来优化街区内部通风的廊道。街区上风向的建筑布局应适当顺应风向，引导气流顺畅进入街区内部。要保持较好的进风效果，街区主要建筑的迎风角度宜控制在 30 度左右的建筑布局朝向下，街区的通风效果与平行于主导风向较为接近；而迎风角度接近或超过 60 度时，街区的通风效果近似于垂直主导风向，通风受到较大的阻碍。

(3)建筑布局的疏密程度

建筑背风向的区域风速会有所降低，这个区域称为风影区，建筑体量越大，风影区也越大。而建筑布局的疏密程度，则影响风影区的重叠效果，建筑间距越小，风影区重叠越多，通风效果越差，反之，建筑间距越大，通风效果越好。但实际开发建设中，为节约用地，建筑间的疏密程度一般按照日照间距进行控制。在日照间距控制条件下，优化建筑疏密程度对通风的影响，则应更多考虑将主导风向上的建筑间距控制在适当的范围。

但一般来说，为保证用地利用的集约高效，建筑间距一般按照日照间距进行控制，在日照间距控制条件下优化建筑疏密程度对通风的影响，则应更多考虑在主导风向上的建筑间距对通风效果的影响，使主导风向上的建筑前后间距在合理的范围内，形成开敞的建筑布局以取得良好的通风效果。

(4)建筑高度的变化

街区内部建筑群体的高度变化对通风的积极作用在于，高度的变化使得风在建筑顶部空间通行时产生了风压差，引发了建筑顶部风向的变化。尤其是上下风向关系的建筑群体的高度变化，能够促进风在垂直方向的运动，带动更多的顶部气流向地面层运动。有利于街区通风较为理想的建筑高度变化趋势是，建筑高度由上风向至下风向逐渐升高，这样便于盛行风深入街区内部，而建筑高度形成错落变化的通风效果也优于建筑高度一致的形态。

(5)开放度

开放度是指临近风廊的地块中，无建筑界面垂直于风廊的投影长度与地块垂直于风廊的投影长度的比值，是反映街区迎风开口的控制指标。适当的部位做一些开口，可以让更多的风进入街区内部，特别是与自然界面相邻的街区，如滨河滨江地段或城市公园周边的街区，应保障街区与自然界面在主导风向上适当的开放度。而街区迎风开口一定程度会降低街道界面的连续性，在商业集中的地区，为保证街道空间的步行连续性，可在街区开口处增加连廊(图 12.1)。

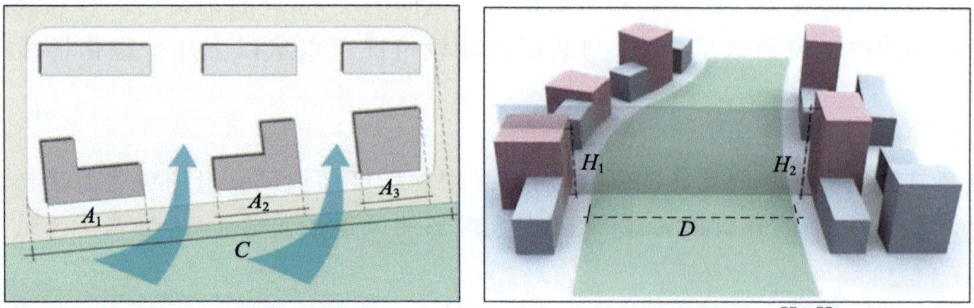

开放度：$F=1-\dfrac{A_1+A_2+\cdots+A_n}{C}$　　高宽比：$E=\dfrac{H_1+H_2}{2D}$

图 12.1　开放度和高宽比计算方法示意图

(6)阻风率

阻风率是建筑物在某通风方向上的投影面积，当建筑高度统一时，即图中蓝线长度与黄线长度的比值，可以理解为建筑物对风的阻挡程度。而迎风面积比是指“建筑在计算风向上的迎风面积与最大可能迎风面积的比值”。街区的迎风面积比是街区内各建筑的综合数值，该指标的基本特征为街区建筑的群体性和方向性，反映了特定风向的风在街区内的通行效率，既迎风角度或街区朝向。阻风率能体现街区建筑布局形式与风向的关系，阻风率越大，街区建筑布局对风的阻挡越大。当然，在不同建筑布局形式下，阻风率与街区自然通风的关系也不相同。建筑布局和公共空间顺应主导风向，有利于减小对风的阻挡，加强街区内的通风。

(7)高宽比

指建筑高度与所在通风廊道宽度的比值。廊道两侧的建筑高度应按照较低的高宽比进行控制。

(8)公共空间通风率

建筑的疏密程度一般用建筑间距来反映，物理学中的孔隙率能较为准确的量化该空间特征，是指“刚性固体骨架的多孔介质中有效开敞体积与总体积的比值，有效开敞体积即是气流的有效通道”。对于街区空间形态而言，街区建筑所围合的空间可看成多孔介质，那么街区内通风的通道则构成了多孔介质的孔隙，反映的是街区内建筑布局的疏密程度。在街区开发容量一定的条件下，主导风向上的孔隙率越大，平均风速越高，街区的通风环境越良好。在实际情况中，建筑的间距一般按照日照间距控制，要优化街区内部的通风效率，对公共空间通风效果进行控制是较为可行的方式。将孔隙率指标转换为公共空间透风率，代表主导风向上超过一个建筑日照间距的无遮挡空间面积与开敞空间面积的比值。

(9)皱褶率

皱褶率表示的是城市冠层在给定的方位角上平均高度的平方差，并由每一个相关元素平面的横断面的宽度来权重，是体现街区建筑高度变化的指标。皱褶率对街区自然通风的改善主要体现在促进街区近地面层的空气流通，提升人活动区域的平均风速；同时，皱褶率越大，街区内部的扩散能力也得到增强，对加快街区热量和污染物的扩散效果明显。而在具体指标计算时，由于存在建筑塔楼和裙房的高度差异，计算得出的皱褶率指标较难反映真实的建筑高度变化情况，因此在建筑高度对通风的优化方面，以城市设计的导则管控为主。

对于以上指标是否能够控制和影响街区通风，选取了两个街区，其开放度、高宽比等值是不一样的，采用了目前较为主流的计算流体力学(CFD)软件 Fluent 来进行街区模拟。

——计算模型构建：在 Fluent 前处理器 Gambit 中构建体网格模型，模拟实体的计算区域大小为 800 m×800 m×200 m，本研究的边界区域长度选择取模拟街区的 5 倍。空间体网格尺寸设为 20，街区围合空间体网格尺寸设为 8，建筑表面体网格尺寸设为 4，近地面体网格迭代步数为 5、系数为 1.2。

——环境参数设置：将建好的街区模型数据导入 Fluent 软件，并设定气候环境参数为夏季盛行风向东南风，平均风速取 2.5 m/s，参考温度为室外平均温度 35 ℃，模拟分析时间为夏季 7 月 14 时，天气状况为晴天无云。

——模型方程设置：选用黏性模型标准 k-e 双方程湍流方程，采用压力非定常求解器，模型方程运行环境设定为 1 倍重力、800 hPa。

——边界条件设定：入口边界条件选用 velocity-inlet 边界条件，将立方体模型的 X-max 和 Y-min 选为速度入口，入口风速取 2.5 m/s，风向为正东南风，室外通风计算温度 35 ℃。出口边界条件由于出口各种参数无法确定，将立方体模型的 X-min、Y-max 侧面及 top 顶面的边界条件均设为压力出流，即 pressure out-flow 边界条件，大气压设为 1 个标准大气压。

——通风结果计算：进行计算初始化设置，最后设定迭代方案，为获得好的收敛效果，总迭代步数设为 1000。两个街区模拟得出的通风风速情况如图 12.2、图 12.3 所示。

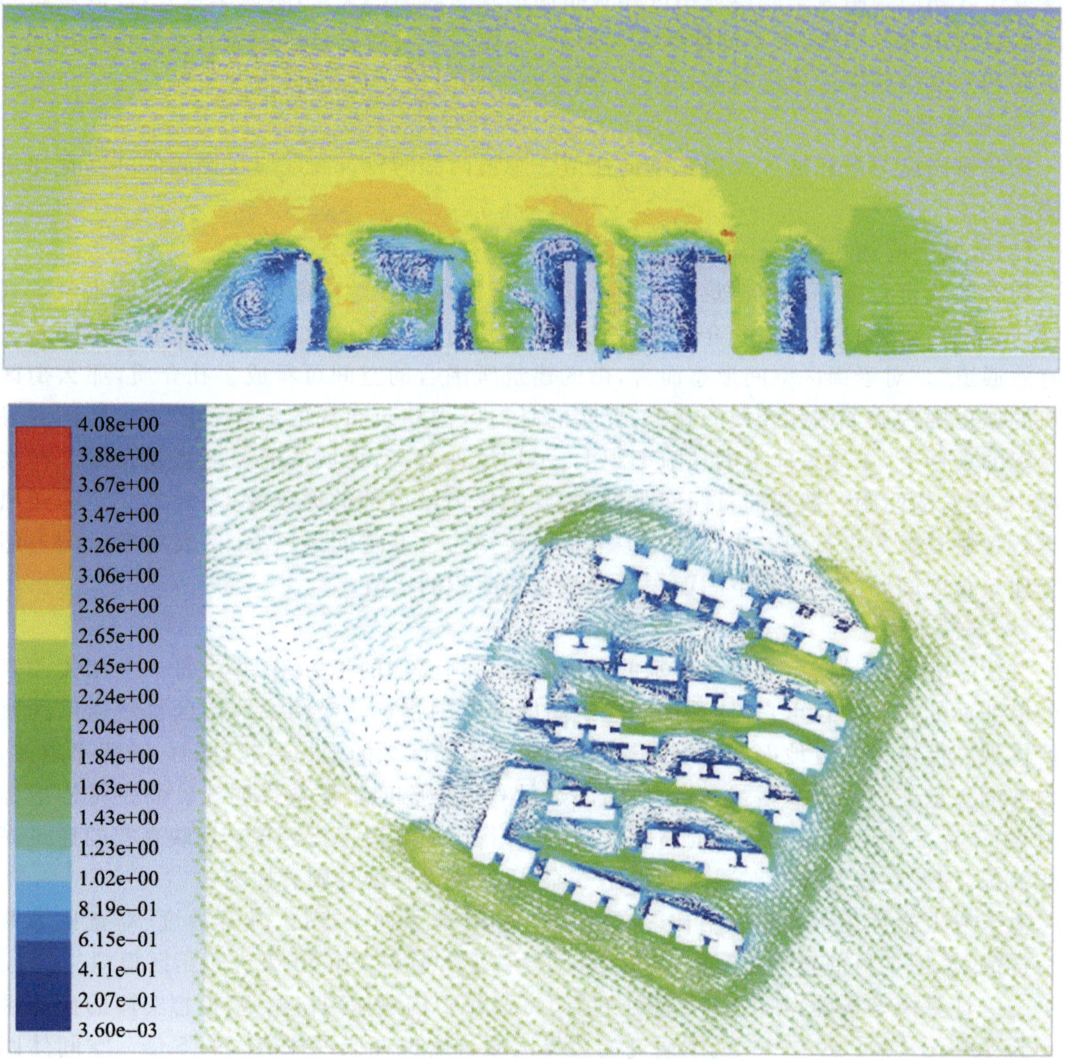

图 12.2　街区 A 风速模拟结果

根据 Fluent 软件对街区 A、B 通风环境的模拟，验证了通风空间形态指标对街区通风环境的控制效果。由分析结果可知，街区 B 在通风的风速、联通性等方面均比街区 A 好，且静风区范围较小，街区 B 内部的整体通风环境较优。

街区 A 在迎风开口方向上，保证了一定的通透性，自然风能够较好的导入街区内部。但街区内部建筑的布局没有顺应主导风向，形成了较大的阻挡，且内部公共空间多为建筑间绿地，缺少连续性，不利于空气在街区内部的流通。自然风在进入街区后呈现明显的减弱趋势，街区下风向建筑的通风环境较差。

街区 B 在迎风面积比、公共空间通风率两个空间指标上略优于街区 A，建筑对自然风的阻

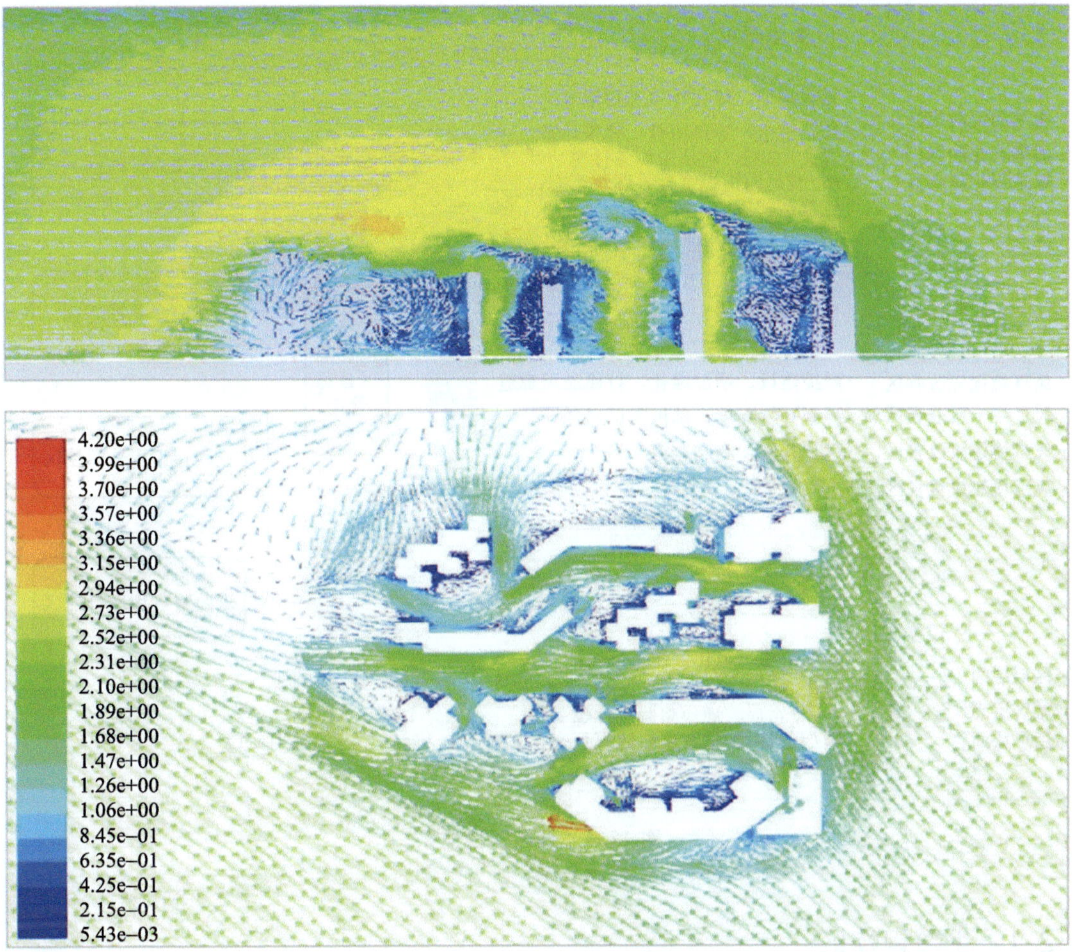

图 12.3 街区 B 风速模拟结果

挡较小，公共空间也顺应风向，通风在进入街区后能较为顺畅的流通和导出。同时，街区 B 建筑高度的变化引起街区顶部空间的空气湍流变化，促进了垂直方向上的空气流通。但街区南部上风向的板式建筑尺度偏大，降低了街区的透风率，导致迎风开口不理想，而建筑背风面也形成了较大的静风区域，该建筑的空间形态有待优化。

由此可见，开放度、阻风率、高宽比、公共空间通风率等空间形态指标能够较好反映街区通风的效果，对引导街区空间形态的定量管控具有较强的可操作性。

12.2 分区管控方案

基于以上案例和相关理论分析总结，结合合肥实际，本次规划提出了合肥通风廊道的管控分区体系：将通风廊道影响区分为生态管控区、污染产业控制区、已建建设用地管控区、未建建设用地管控区（图 12.4）。

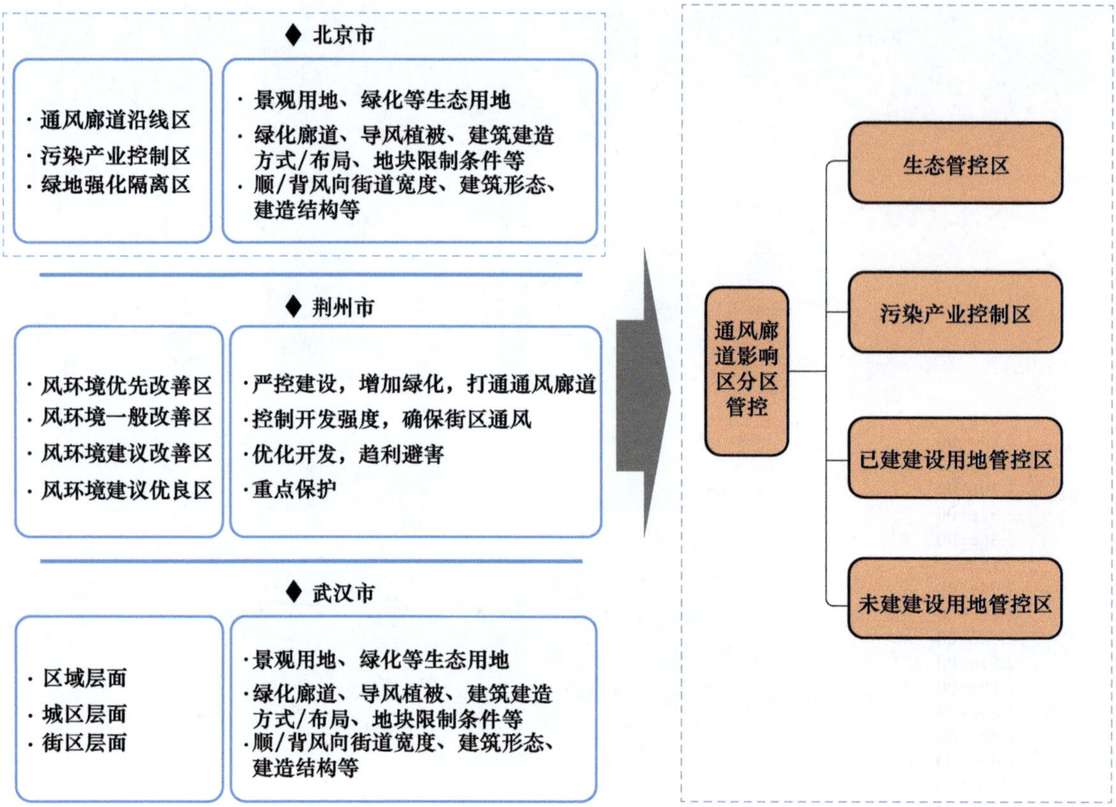

图 12.4　分区管控体系

12.2.1　生态管控区

生态管控区指的是位于廊道内的公园绿地、防护绿地。重点从边界控制、建设控制、绿化种植引导三个方面进行管控。

(1)边界管控要求

刚性控制边界，边界控制参照城市绿线管控标准；

(2)建设控制要求

保证绿化率≥75%；防护绿地绿化率≥95%；

各类管理及服务建筑物的高度应不大于 10 m；

可布置小型休息设施，不得设置机动车停车设施；

内部零星分布的建筑高度不超过 9 m，建筑密度不超过 20%；

(3)绿化种植引导

种植模式：廊道内的绿化植物应考虑乔木、灌木、草的混合种植，且乔木、灌木、草的种植比例建议控制为 4∶3∶3，在保障绿肺功能的基础上兼顾通风的需求；

树种选择：建议树种选择马尾松、柏树、银杏、刺槐、榆树、女贞、臭椿、构树等对污染物吸附能力强的品种(图 12.5)。

图 12.5 绿化种植引导

12.2.2 污染产业控制区

污染产业控制区指的是位于通风廊道主导风向上游的产业用地区域，重点从产业准入的角度进行管控，严控污染产业进入，降低大气污染的风险。在风道所经区域禁止布置有热污染和严重空气污染影响的工业用地。严禁在污染产业控制区内布置国家发改委 2019 年发布的《产业结构调整指导目录》中划定的限制类和淘汰类企业（图 12.6）。

鼓励类：如农林业、水利、电力、新能源等；城乡供水水源工程、蓄滞洪区建设、防洪抗旱应急设施建设、高效输配水、节水灌溉技术推广应用、灌溉排水泵站更新改造工程等。

限制类：超载放牧、松脂初加工项目、采用非机械化开采工艺的煤矿项目、新建染料、染料中间体、有机颜料、印染助剂生产装置等。

淘汰类：如落后生产工艺装备，既无降硫措施，又无达标排放用户的高硫煤炭、土法炼焦、热烧结矿、煅烧石灰土窑等。

图 12.6　鼓励类、限制类、淘汰类分类示意

12.2.3　未建建设用地管控区

未建建设用地管控区是指位于通风廊道或通风口内尚未开发建设的城市建设用地。采取“共性控制指标体系＋通风能力评估＋分类指引(居住、商业、工业)”的模式,将指标通过控制性详细规划及建筑设计进行落实,切实指导廊道内未建区的规划建设(图 12.7)。

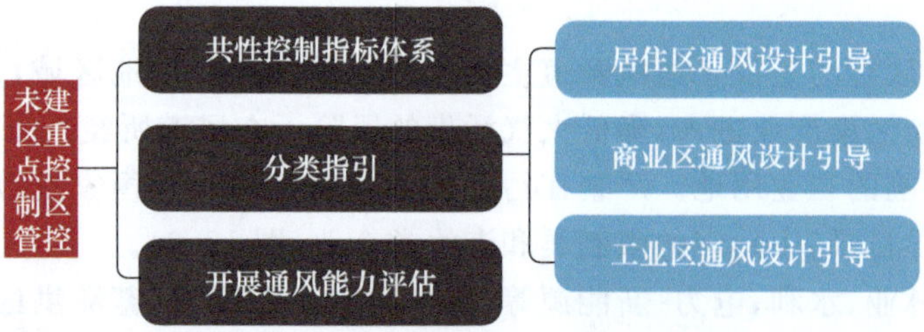

图 12.7　未建建设用地管控区管控体系

(1)共性控制指标

共性控制指标体系包括阻风率、开放度、高宽比、建筑密度、建筑朝向、建筑布局模式、微风通道等内容。“建筑密度、阻风率、开放度”可直接作为控制指标加入到地块指标图则中;“高宽比”可先根据风廊的宽度计算得到临近地块的建筑限高值,再加入到地块指标图则中(图 12.8 和表 12.1)。

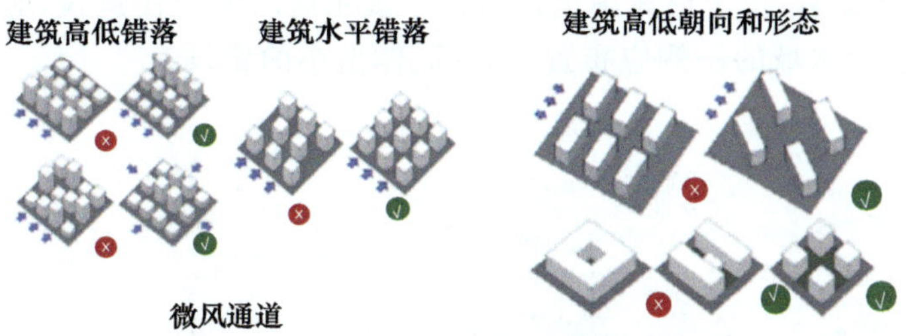

图 12.8 建筑布局模式示意——微风通道

表 12.1 共性控制指标体系一览表

控制要素	一级通风廊道指标值	二级通风廊道指标值
阻风率	≤0.6	≤0.7
开放度	≥40%	≥30%
高宽比	≤0.5	≤0.8
建筑密度	≤30%	≤30%
建筑朝向	建筑长边与来风方向夹角应为 30°～60°	建筑长边与来风方向夹角应为 30°～60°
建筑布局模式	相同建筑密度下，建筑错列排布比兵营式布局更利于通风；阶梯式的高低错落，低面迎风，利于通风环境	相同建筑密度下，建筑错列排布比兵营式布局更利于通风；阶梯式的高低错落，低面迎风，利于通风环境
预留微风通道	防止商业和居住底层的连片布局	防止商业和居住底层的连片布局

(2)未建建设用地管控区——居住区通风设计引导

居住区的通风设计强调合理布局高密度区、合理选择建筑模式、考虑滨水片区要素(图 12.9 至图 12.12)。

① 合理布局高密度区：宜将建筑密度大的组团布局在夏季主导风向的下风向，建筑密度小的组团布置在上风向；

② 合理选择建筑模式：应有利于夏季冬季的自然通风，不宜用完全封闭的围合空间，宜采用错列式、斜列式、自由式等组合方式；

立体布局应采用“低面迎风”的方式，如果采用周边式布置，宜采用首层架空或单元之间流出气流通道的设计模式。

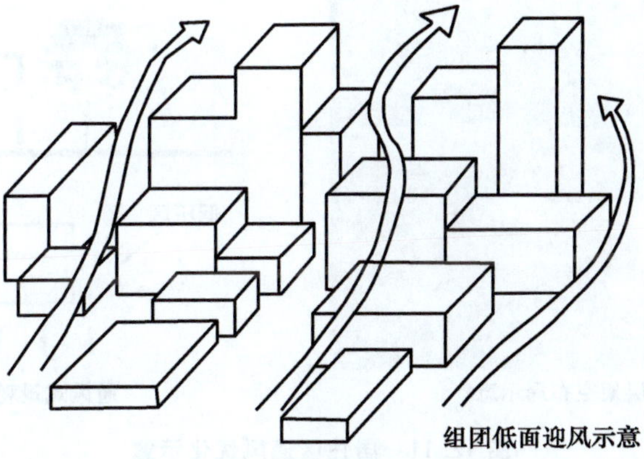

图 12.9 建筑布局模式示意

③ 考虑滨水片区要素：位于通风廊道内且位于滨水区域的居住建筑，应同时考虑通风、节能、景观三大要素，靠近水域的一侧应布置层数低、体量小的建筑；

滨水建筑布局示意

高容积率条件下高层建筑建设示意(L型)

图 12.10　滨水建筑布局示意

④ 优化景观等设施设计：宜结合景观设施引导活动空间的空气流动，植物配置应考虑能促进夏季和过渡季节通风的植物搭配，冬季防风林宜选择常绿乔灌木草复合密植林；围墙设置宜采用可通风墙体，当围墙高度超过 1 m 时，围墙的可通风面积不宜小于 40%；

⑤ 推行底层架空形式：宜采用底层架空的建筑形式，在增加居民活动空间的同时，亦有利于通风。架空层总面积不应小于居住建筑底层总面积的 20%；单栋住宅底层架空面积应大于该层建筑面积 50%；

⑥ 建筑单体要求：居住建筑以点式为主，面宽不应超过 40 m，地块内部居住建筑面宽不应超过 60 m。

通透式景观墙

可通风围墙

底层架空布局示意

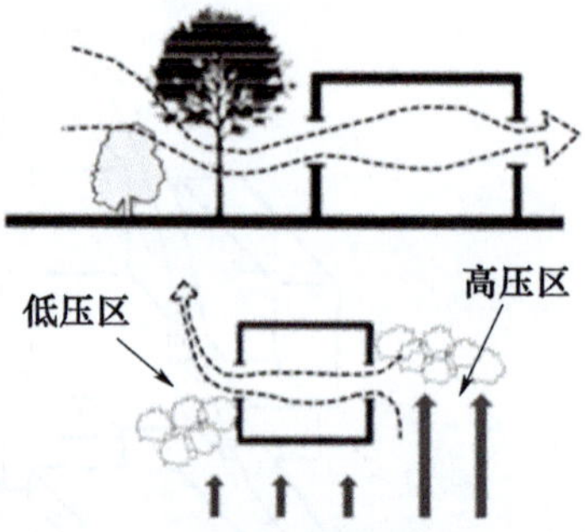

通风式景观布局示意

图 12.11　居住区通风优化示意

布局形式与通风	图示	布局形式与通风	图示
平行行列式：建筑的主要迎风面与风的吹来方向成45°角为最佳	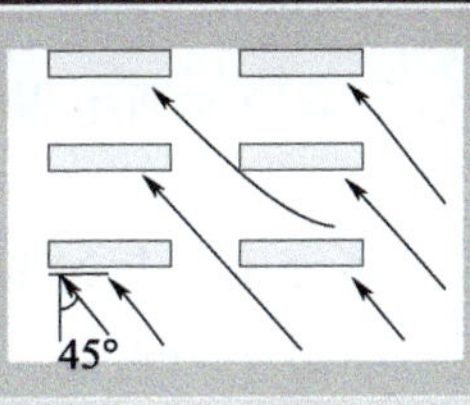	错列式：可增大建筑的迎风面，易使气流导入到建筑群内部及建筑室内	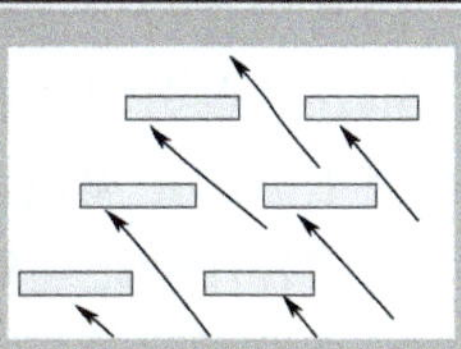
疏密相间式：即利用"狭管效应"，密处风速较大，可以改善通风效果	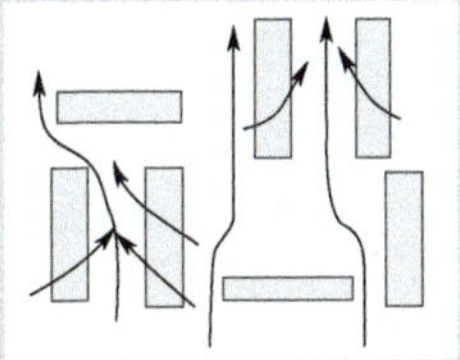	豁口迎风式：迎主导风向，前面布置顺风向长条形建筑或布点式建筑以形成豁口利于通风	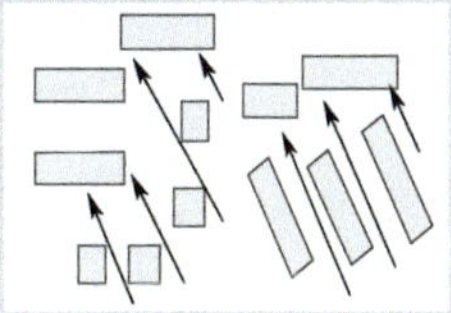
短结合式：长幢住宅有利于冬季阻挡寒风，短幢住宅利于夏季通风	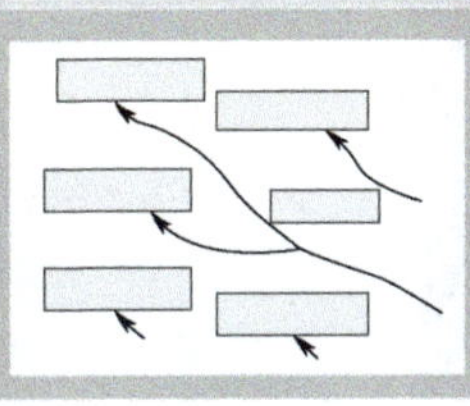	周边式：应将四角敞开，围而不合，开敞处与主风向斜交，可增强通风效果	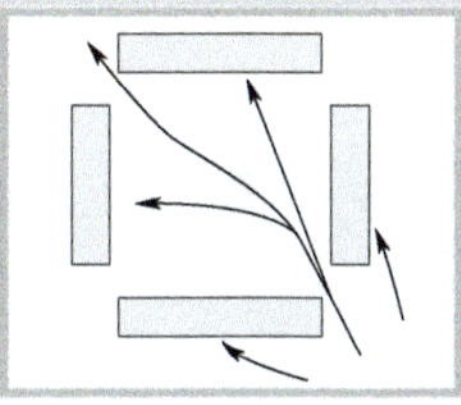

图 12.12　建筑布局形式与通风

(3)未建建设用地管控区——商业区通风设计引导

商业区通风设计重点关注通风路径的预留、建筑密度控制、滨水建筑控制、裙房设置、外墙构筑物的设计(图 12.13 和图 12.14)。

① 预留通风路径：宜进行通风路径设计，建筑相互关系宜前后、高低错落排放，形成通风路径，利于盛行风通行。宜采用由低到高的退台式建筑形式，避免建筑间形成漩涡死角；

② 严控建筑密度：廊道内的商业用地其建筑密度宜按照小于 30%的指标进行控制；

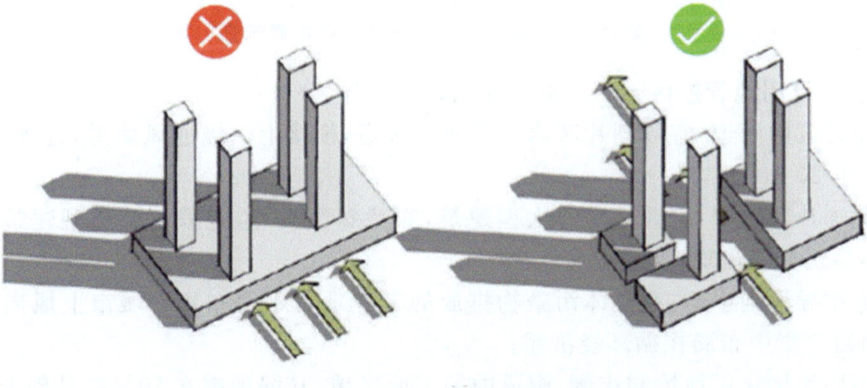

图 12.13　小裙房建筑布局示意

③ 考虑滨水要素：主要河流附近的建筑应避免对风造成阻挡，建筑最大连续展开面宽的投影不宜大于 80 m，不满足时宜设置底层架空或空中花园等透风引风措施；

④ 减少裙房设置：位于廊道内的大型建筑宜减少低层大体量裙房建设，避免阻碍商业区通风；

⑤ 优化构筑物设计：垂直建筑物外墙的广告应符合以下 4 条规定。

a)高层建筑主体禁止设置垂直于外墙的广告；

b)广告的外沿不得超过临路路面宽度的 10%，下沿距地面不得低于 4.5 m，设在有上盖的人行道上方的距离地面不得低于 2.8 m；

c)广告外沿距建筑物的立面不得超过 1.5 m 且高度不得超过 9 m；

d)垂直于建筑物主立面的广告上端距地面不得超过 24 m。

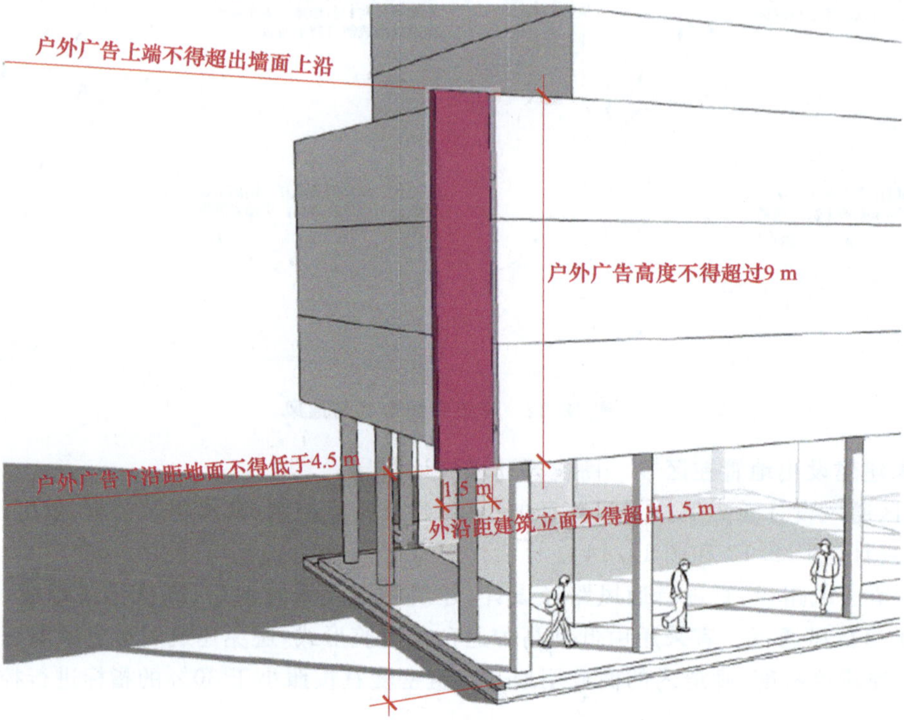

图 12.14　商业建筑立面及架空布局示意

(4)未建建设用地管控区——工业区通风设计引导

① 构建片区内廊道：宜规划片区内三级通风廊道，衔接上一级通风廊道，且廊道两侧厂房间距不应小于 20 m；

② 避免连片建筑群：工业厂房等大型建筑，除特殊要求外，宜采用通透型建筑形式，避免大面积低矮建筑群的出现；

③ 考虑主导风向影响：有气体污染物排放的工业项目不得布置在城市上风向，污染较严重的工业项目应集中布局在循环经济园；

④ 适当增加绿化用地控制比例：廊道内的工业区域，其绿地率在 10%的基础上，建议增加 5%～10%的弹性空间(图 12.15 和图 12.16)。

(5)未建建设用地管控区——施行地块通风能力评估

位于廊道内的建设项目在审批前需进行通风能力评估，从建筑影响风场的角度，评估建筑的疏密程度和高度变化影响街区内部的空气流通效果，判断建设项目是否满足设定的通风管控要求。

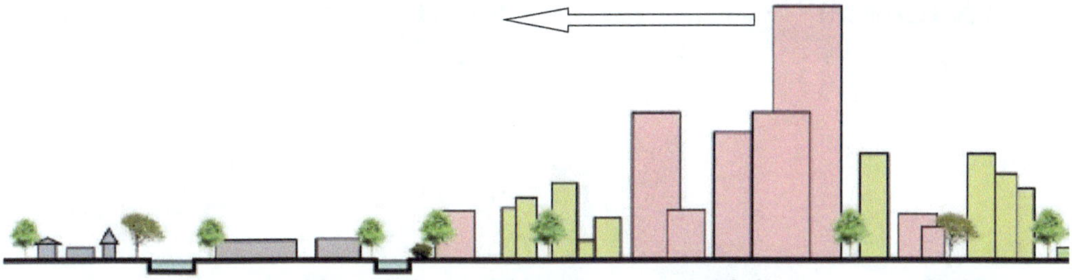

图 12.15 工业区布局与城市中心区位置示意

图 12.16 厂房间距控制示意

12.2.4 已建建设用地管控区

已建建设用地管控区是指位于通风廊道内的已建成地块。依据可改造程度的高低，分为可改造度较低的区域和可改造度较高的区域，采取不同的管控引导策略。

(1)可改造度较低的区域

① 抽疏复绿：利用建筑与建筑之间的空间，必要时拆除个别建筑，建设街心绿地，形成绿源风，操作难度较低；

② 屋顶绿化：对于难以改造的现状建成区，仅利用建筑屋顶增加绿量，适度增强通风能力(图 12.17)。

(2)可改造度较高的区域

有机更新：结合城市更新改造，更新后的建筑控制建设用地比例为 30%以下，控制建筑密度 30%以下，开放度大于 40%，建筑长边与来风方向夹角应为 30°～60°，在建筑底层预留微风通道；

通过建筑的退让式布局、控制建筑高度和密度，以减小对风速的削弱作用，引导风渗透进入周边地区(图 12.18)。

图 12.17　已建区改造可行性较低区域优化通风能力措施

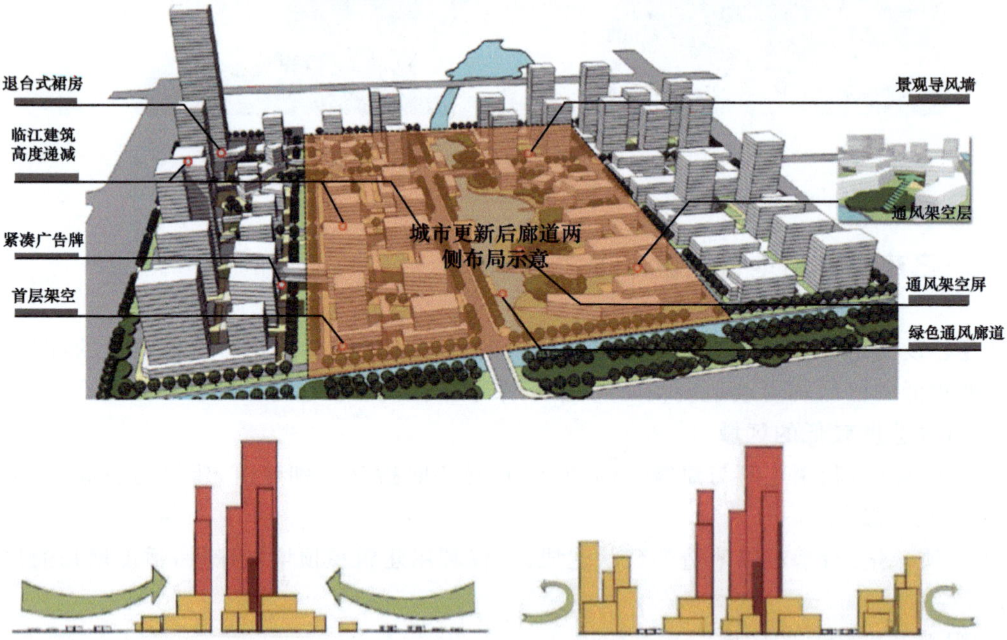

图 12.18　已建区改造可行性较高区域优化通风能力措施

对于廊道外的城市建设区域，控制要求在满足《合肥市控制性详细规划通则》的前提下，可在共性控制指标的基础上适当降低，指标项适当减少。对于本次规划研究，建议选取高宽比、建筑密度、建筑朝向、建筑布局模式四项，按照非刚性、因地制宜的原则进行管控。

12.2.5 总体管控分区

本次规划控制管控区面积为 1281 km^2，其中生态管控区面积为 1143 km^2、已建建设用地管控区面积为 45 km^2、未建建设用地管控区面积为 64 km^2、污染产业严控区面积为 29 km^2（图 12.19）。

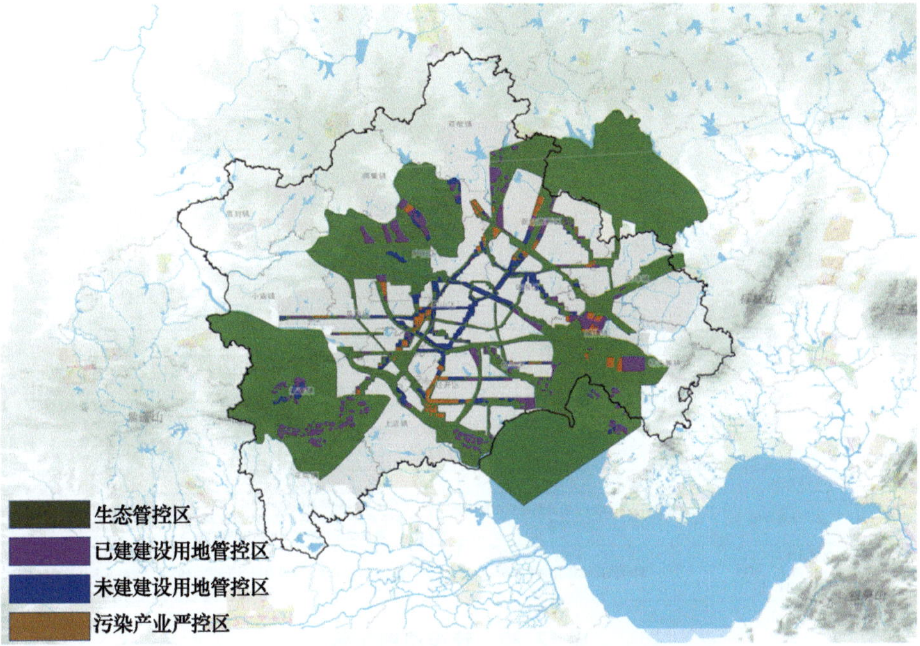

图 12.19 管控分区规划图

12.2.6 分区管控图则

本次规划为了便于规划实施管理，将通风口地区、各条通风廊道以分图则的形式进行表达，便于下一步的规划管理，分图示例见图 12.20。

管控建议小结如下：

(1)通风廊道规划与软轻风条件下的主导风向一致，并尽可能借助于河流、绿地、公园、开敞空间等；

(2)在主要通风廊道处，应禁止高密度的建设开发，保持空间的开阔程度；

(3)综合提高合肥主城区的绿化覆盖率；

(4)合理增加合肥主城区内的水体范围；

(5)合理规划未来城市发展总体布局，优化城市规划布局，改善气温、风速、湿度以及污染扩散能力和大气环境状况；

(6)加强合肥城市通风廊道内及周边地区地块规划的气候可行性论证，对建筑物覆盖率、排列布局等对地块内部及周边气象环境影响进行评估；

（7）采用促进自然通风的城市空间模式。

方兴大道通风廊道分区管控平面图 图则

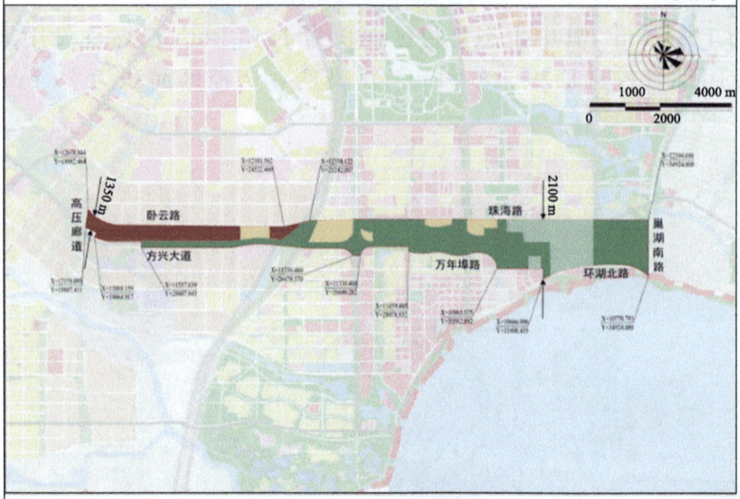

通风廊道区位图

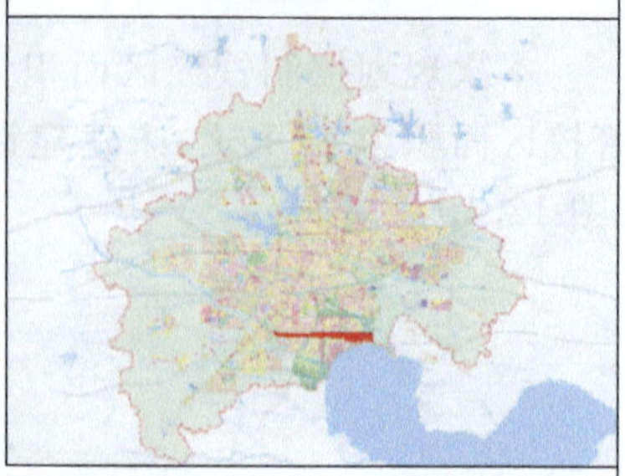

图例

- 生态管控区
- 已建重点控制区
- 未建重点控制区
- 污染产业严控区
- 通风廊道边界线

分区指标

分区	面积/hm^2
生态管控区	1293.00
已建重点控制区	155.20
未建重点控制区	257.69
污染产业严控区	234.83
合计	1498.72

		生态管控区	已建重点控制区	未建重点控制区	污染产业严控区
分区控制指引	建设行为	禁止大规模建设	结合城市更新，禁止大规模建设	禁止大规模建设	①淘汰落后生产工艺装备，既无降硫措施，又无达标排放用户的高硫煤炭、土法炼焦、热烧结矿、煅烧石灰土窑等工业企业； ②限制超载放牧、树脂初加工项目、采用非机械化开采工艺的煤矿项目、新建染料、染料中间体、有机颜料、印染助剂生产装置等工业企业； ③鼓励农林业、水利、电力、新能源等无污染门类：城乡供水水源工程、蓄滞洪区建设、防洪抗旱应急设施建设、高效输配水、节水灌溉技术推广应用、灌溉排水泵站更新改造工程等。
	建筑高度	≤9 m	建（构）筑物及树木等障碍物尺寸垂直于气流方向的宽度应小于通风廊道宽度的10%，障碍物高度不应超过10 m	结合通风廊诞分析确定	
	高宽比（建筑高度：街道宽度）	—	≤0.8	≤0.8	
	建筑密度	≤20%	≤30%	≤30%	
	建筑布局	点式分散布局	城市更新应按照利于通风的建筑布局模式进行改造	①宜采用高低错落的布局方式，来风方向高度递减或外低内高；②宜预留微风通道，避免底部为型集中裙房阻挡气流	
	其他	绿化覆盖率≥75%，乔木、灌木、植被种植比例4∶3∶3	提倡屋顶绿化及抽疏复绿	建筑边长与来风方向夹角应小于30°～60°	

图 12.20　管控图则示例

参考文献

陈新光,唐力生,李春梅,等,2014. 气候可行性论证技术指南系列之城市热岛效应评估技术指南[Z]. 北京:中国气象局.

杜吴鹏,房小怡,程宸,等,2018. QX/T 437—2018,气候可行性论证规范 城市通风廊道[S]. 北京:气象出版社.

全利红,周荣卫,袁春红,等,2019. QX/T 497—2019,气候可行性论证规范 数值模拟与再分析资料应用[S]. 北京:气象出版社.

中国环境科学研究院,中国环境监测总站 . 2012. GB 3095—2012,环境空气质量标准[S]. 北京:中国环境科学出版社.

DUDHIA J,1989. Numerical study of convection observed during the winter monsoon experiment sing a mesoscale two dimensional model[J]. Journal of Atmospheric Science,46:3077-3107.

GRELL G A,DEVENYI D,2002. Ageneralized approach to parameterizing convection combining ensemble and data assimilation techniques[J]. Geophysical Research Letters, 29 (14):Article 1693.

GUENTHER A,KARL T,HARLEY P,et al,2006. Estimates of global terrestrial isoprene emissions using MEGAN (Model of Emissions of Gases and Aerosols from Nature)[J]. Atmospheric Chemistry and Physics,6(11):3181-3210.

HE K,2012. Multi-resolution Emission Inventory for China (MEIC):Model framework and 1990—2010 anthropogenic emissions[C]. Paper presented at the International Global Atmospheric Chemistry (IGAC) Project Open Science Conference,Beijing,China.

HONG S Y,DUDHIA J,CHEN S H,2004. A revised approach to ice microphysical processes for the bulk parameterization of clouds and precipitation[J]. Monthly Weather Review, 132:103-120.

HONG S Y,JUANG H H,ZHAO Q,1998. Implementation of prognostic cloud scheme for a regional spectral model[J]. Monthly Weather Review,126:2621-2639.

HONG S Y,LIM J J,2006. The WRF Single-Moment 6-Class Microphysics Scheme (WSM6) [J]. Journal of The Korean Meteorological Society,42:129-151.

HONG S Y,NOH Y,DUDHIA J,2006. A new vertical diffusion package with an explicit treatment of entrainment processes[J]. Monthly Weather Review,134:2318-2341.

JANJIĆ Z I,2002. Nonsingular Implementation of the Mellor-Yamada Level 2.5 Scheme in the NCEP Meso model[R]. National Centers for Environmental Prediction (NCEP) Office Note,437:61.

KAIN J S,2004. The Kain-Fritsch convective parameterization:An update[J]. Journal of Applied Meteorology and Climatology,43:170-181.

KAIN J S, FRITSCH J M, 1990. A one-dimensional entraining/ detraining plume model and its application in convective parameterization[J]. Journal of Atmospheric Science, 47:2784-2802.

KAIN J S, FRITSCH J M, 1993. Convective parameterization for mesoscale models: The Kain-Fritsch scheme[M]. Boston: American Meteorology Society.

LIN Y L, FARLEY R D, ORVILLE H D, 1983. Bulk parameterization of the snow field in a cloud model[J]. Journal of Climate and Applied Meteorology, 22:1065-1092.

RAUPACH M R, 1994. Simplified expressions for vegetation roughness length and zero-plane displacement as functions of canopy height and area index[J]. Boundary Layer Meteorology, 71(1-2):211-216.

RUTLEDGE S A, HOBBS P V, 1984. The mesoscale and microscale structure and organization of clouds and precipitation in midlatitude cyclones. XII: A diagnostic modeling study of precipitation development in narrow cloud-frontal rainbands[J]. Journal of Atmospheric Science, 20:2949-2972.

THOMPSON G R, RASMUSSEN R M, MANNING K, 2004. Explicit forecasts of winter precipitation using an improved bulk microphysics scheme. Part I: Description and sensitivity analysis[J]. Monthly Weather Review, 132:519-542.